新能源学科前沿丛书之八

邱国玉　主编

垃圾填埋技术进展与污染控制

Advances in Municipal Solid Waste Landfill Technology and Pollution Control

徐期勇　吴华南　黄丹丹　王　前　著

科学出版社
北京

内 容 简 介

本书针对中国生活垃圾填埋场在垃圾降解、堆体水位壅高、渗滤液导排和温室气体排放等方面存在的现实问题，从填埋场内物质相互转化关系及其原理入手，综合国内外文献和作者在该领域多年研究成果，重点介绍生物反应器填埋技术、填埋场气体双向导排技术、渗滤液收集与结垢防治技术以及填埋气净化与污染减排技术等，涵盖近年来在垃圾填埋领域出现的新技术和新方法，着重介绍当前填埋的研究成果与方法。

本书适用于关注中国城市生活垃圾填埋场设计和管理相关技术问题的读者，既可以用于环境工程类专业师生的教学参考书，也可作为垃圾填埋工程技术和管理人员的参考和培训用书。

图书在版编目（CIP）数据

垃圾填埋技术进展与污染控制／徐期勇等著 . —北京：科学出版社，2020. 6

（新能源学科前沿丛书）

ISBN 978-7-03-065072-6

Ⅰ . ①垃… Ⅱ . ①徐… Ⅲ . ①卫生填埋–研究 ②污染控制–研究
Ⅳ . ①X705②X32

中国版本图书馆 CIP 数据核字（2020）第 081244 号

责任编辑：刘　超／责任校对：樊雅琼
责任印制：吴兆东／封面设计：无极书装

科 学 出 版 社 出版
北京东黄城根北街 16 号
邮政编码：100717
http://www.sciencep.com

北京天宇星印刷厂印刷
科学出版社发行　各地新华书店经销

*

2020 年 6 月第　一　版　开本：720×1000　1/16
2025 年 1 月第二次印刷　印张：12 1/2
字数：250 000

定价：158.00 元
（如有印装质量问题，我社负责调换）

致　谢

本书在实验、资料收集、数据解析、案例研究和出版等方面得到深圳市发展和改革委员会新能源学科建设扶持计划"能源高效利用与清洁能源工程"项目的资助，深表谢意。

作者简介

徐期勇，北京大学副教授，博士生导师

2005 年美国佛罗里达大学环境工程系获工学博士学位，博士后。主要研究领域为固体废弃物污染控制与资源化利用和管理。2006 年 12 月到 2010 年 6 月，美国 IWCS 公司的高级工程师，从事环境工程设计与咨询工作，获得美国注册环境工程师执业资格。2010 年 7 月回国在北京大学深圳研究生院从事教学科研工作，担任深圳市再生复合环境材料工程实验室主任，获得北京大学教学优秀奖、北京大学深圳研究生院优秀教师及深圳研究生院精品课程等奖项。担任科技核心期刊《环境卫生工程》副主编，在国内外专业核心期刊上发表论文 80 余篇，获中国发明专利授权 4 项，美国发明专利 1 项，出版英文专著 1 部。

吴华南，北京大学环境与能源学院，副研究员

2002 年毕业于南开大学化学系，2009 年获新加坡国立大学博士学位。曾任新加坡国立大学博士后研究学者，新加坡–北大–牛津水环境科研联盟主要成员。2013 年入职北京大学深圳研究生院，获评深圳市海外高层次人才，担任深圳市南山区重金属监控技术中心主任，深圳再生复合环保材料工程实验室副主任。主要从事环境技术的研发与成果转化，研究方向为现代分析技术在固废资源化和水处理中的应用等。承担国家自然科学基金、国家和地方科技创新以及技术咨询等课题 10 余项，发表国内外期刊与会议论文 20 余篇，参编专著 2 部，国内外发明专利 10 余项。

黄丹丹，北京大学环境与能源学院，博士后

2018 年毕业于加拿大萨斯喀彻温大学，获工学博士学位。研究经历包括农业、工业生产及废弃物处理过程中的污染气体排放监测、环境影响评价和减排技术研究。目前就职于北京大学深圳研究生院博士后工作站环境与能源学院，主要从事生活垃圾填埋场的恶臭和温室气体的减排技术研究。已发表文章 15 篇，其中以第一作者发表中英文期刊论文 10 篇，获国家发明专利一项，参与国家重大专项、国家自然科学基金、加拿大自然与科学工程委员会基金和浙江省科技厅重大科技专项等多个项目。

王前，北京大学环境与能源学院，博士生

2015 年获重庆交通大学给水排水工程学士学位，2015 年至今在北京大学环境与能源学院攻读博士学位。主要研究领域为生活垃圾焚烧炉渣与生活垃圾混填对填埋场的影响。发表国内外期刊与会议论文 9 篇，发明专利 1 项，参与国家重点研发计划、深圳市科研项目 8 项。

总　序

至今，世界上出现了三次大的技术革命浪潮（图1）。第一次浪潮是IT革命，从20世纪50年代开始，最初源于国防工业，后来经历了"集成电路—个人电脑—因特网—互联网"阶段，至今方兴未艾。第二次浪潮是生物技术革命，源于70年代的DNA的发现，后来推动了遗传学的巨大发展，目前，以此为基础上的"个人医药（personalized medicine）领域蒸蒸日上。第三次浪潮是能源革命，源于80年代的能源有效利用，现在已经进入"能源效率和清洁能源"阶段，是未来发展潜力极其巨大的领域。

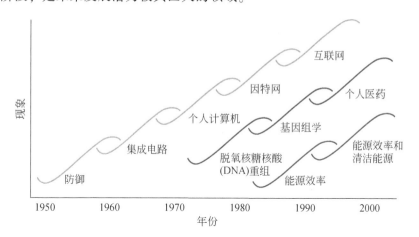

图1　世界技术革命的三次浪潮

资料来源：http://tipstrategies.com/bolg/trends/innovation/

在能源革命的大背景下，北京大学于2009年建立了全国第一个"环境与能源学院（School of Environment and Energy）"，以培养高素质应用型专业技术人才为办学目标，围绕环境保护、能源开发利用、城市建设与社会经济发展中的热点问题，培养环境与能源学科领域具有明显竞争优势的领导人才。"能源高效利用与清洁能源工程"学科是北大环境与能源学院的重要学科建设内容，也是国家未来发展的重要支撑学科。"能源高效利用与清洁能源工程"包括新能源工程、节能工程、能效政策和能源信息工程4个研究方向。教材建设是学科建设的基础，为此，我们组织了国内外专家和学者，编写了这套新能源前沿丛书。该丛书包括13 本专著，涵盖了新能源政策、法律、技术等领域，具体名录如下：

基础类丛书

《水与能：蒸散发、热环境与能量收支》

《水环境污染和能源利用化学》

《城市水资源环境与碳排放》

《环境与能源微生物学》

《Environmental Research Methodology and Modeling》

技术类丛书

《Biomass Energy Conversion Technology》

《Green and Energy Conservation Buildings》

《垃圾填埋技术进展与污染控制》

《能源技术开发环境影响及其评价》

《绿色照明技术导论》

政策管理类丛书

《环境与能源法学》

《碳排放与碳金融》

《能源审计与能效政策》

众所周知，新学科建设不是一蹴而就的短期行为，需要长期不懈的努力。优秀的专业书籍是新学科建设必不可少的基础。希望这套新能源前沿丛书的出版，能推动我国在"新能源与能源效率"等学科的学科基础建设和专业人才培养，为人类绿色和可持续发展社会的建设贡献力量。

北京大学教授　邱国玉

2013 年 10 月

前　言

近年来，随着中国城市化进程的加快和经济的快速发展，城市生活垃圾产量急剧上升。目前卫生填埋依然是我国城市生活垃圾主要的处置方式，具备处理量大、适用面广等优点。但是，由于我国城市生活垃圾具有有机质含量高、含水率高等特点，卫生填埋面临着垃圾甲烷化效率低、填埋堆体内渗滤液水位壅高、填埋气无组织排放等问题。针对这些问题，出现了一些新技术和新方法，本书的主旨是向读者介绍近年来填埋技术发展和污染控制研究，使读者能够理解当前填埋的研究成果和方法。

作者在查阅国内外相关文献和资料基础上，总结了在垃圾填埋领域多年研究成果，并对近年来出现的填埋场新技术和挑战做了较为系统的梳理，包括垃圾降解、渗滤液导排、温室气体排放等环节涉及的技术难题。重点阐述生物反应器填埋（第2章~第4章）、渗滤液收集与结垢防治（第5章~第7章）以及填埋气净化与污染减排（第8章~第11章）等领域的研究成果。

本书可作为环境工程类等专业师生的教学参考书，也可作为垃圾填埋技术管理人员和研究人员的参考用书。本书在编写过程中参考引用了一些国内外文献及相关资料，在此对所有作者表示诚挚的谢意。

本书由北京大学深圳研究生院环境与能源学院固体废弃物课题组编写，徐期勇主笔。书中各章参与者分别为马泽宇、徐期勇、吴华南（第1章、第2章）、田颖（第3章）、李明英、Jae Hac Ko（第4章）、杨帆、秦杰、Jae Hac Ko（第5章、第6章）、王前、刘丰（第7章）、金潇（第8章）、杨璐宁、黄丹丹（第9章）、徐期勇、朱彧（第10章）、朱彧、吴昊（第11章）。黄丹丹、王前、吴华南参与了文稿整理工作；同时也感谢韩国济州大学Jae Hac Ko教授的贡献。

城市生活垃圾填埋场建设不断发展变化，技术的实施效果受诸多因素影响，希望本书可以对读者有所启发。由于编者水平有限，难免出现不全面或不准确的地方，恳请读者批评指正。

作　者

2020 年 4 月

目　　录

第1章 | 中国城市生活垃圾处理现状

1.1 中国城市生活垃圾产量

城市生活垃圾（municipal solid waste，MSW）是指在城市日常生活中或者为城市日常生活提供服务的活动中产生的固体废弃物，以及法律、行政法规规定视为城市生活垃圾的固体废物。随着经济的发展、人民生活水平的提高及城市化进程的加快，城市生活垃圾的产量也在迅速增加。与日俱增的城市生活垃圾成为世界上许多国家，尤其是发展中国家面临的严峻挑战。

中国是世界上最大的发展中国家，在过去的几十年中，中国城市的人口数量和经济总量都有巨大的增长，造成了城市生活垃圾产量的空前增加。根据2005年世界银行的统计，中国在2004年城市生活垃圾的总量达到了1.9亿t，成为世界上最大的生活垃圾产生国。目前，中国城市生活垃圾正以每年8%~9%的速度快速增长。根据国家统计局的数据显示，中国城市生活垃圾的清运量从2009年的1.57亿t增长到2018年的2.28亿t，2018年相对于2009年增长了45.2%（图1-1）。

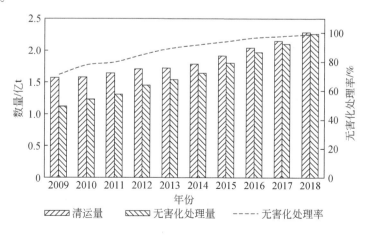

图1-1　中国城市生活垃圾清运量和无害化处理量

大量的生活垃圾如果得不到有效处理，不但会破坏城市生态环境，污染城市周边的水体、大气、土壤等，还会浪费大量可再生资源。妥善处理生活垃圾已成为城市发展建设和中国可持续发展所面临的一个不可忽视的问题。

1.2　城市生活垃圾成分及特点

城市生活垃圾来源于城市活动的各个方面，主要包括居民家庭、城市商业、餐饮业、旅馆业、旅游业、服务业、市政环卫、交通运输、文教卫生行业、行政事业单位、工业企业以及污水处理厂等。城市生活垃圾组成受多种因素的影响，例如，经济发展水平、居民生活习惯、人文地理及气候条件等。

和许多发达国家相比，中国城市生活垃圾具有有机质含量高的特点。表 1-1 对比了不同地区城市生活垃圾的组成，欧美发达国家生活垃圾中有机物含量相对较低，而发展中国家有机物占比一般都超过了 50%。研究表明，生活垃圾中有机质含量跟经济发展水平和厨余垃圾含量有较大的相关性。目前，中国的生活垃圾分类水平较低，各城市垃圾组成虽然各不相同，但共同特点均为厨余垃圾含量较高，其所占比例达到 50%~70%。厨余垃圾通常含水率高，大比例的厨余组分导致中国城市生活垃圾的高含水率和低热值，进而对生活垃圾末端处理造成影响。

表 1-1　不同地区城市生活垃圾的组成

地区	2018 年度人均 GDP/美元	年份	城市固体垃圾组成/% （质量比例）							
			有机物	纸类	塑料	玻璃	金属	织物	木材	其他
新加坡	101 531	2012	44	28	12	4	5	—	—	7
美国	62 794	2013	14.6	27	12.8	4.5	9.1	9	6.2	3.3
德国	53 074	2012	14	34	23	12	5			12
澳大利亚	51 663	2012	47	23	5	7	5			13
英国	45 973	2013	21.3	14.4	8.6	5.5	3.7	5.8	2.7	38
日本	42 797	2015	36.1	32.8	10.5	4.8	3.8	4.2	4.4	3.4
韩国	40 111	2017	40	20	7	10	3	5	15	—
俄罗斯	27 147	2018	24.4	11	15.2	—	—	2.7	1	45.8

续表

地区	2018 年度人均 GDP/美元	年份	城市固体垃圾组成/%（质量比例）							
			有机物	纸类	塑料	玻璃	金属	织物	木材	其他
泰国	19 051	2014	49	15	23	4	3	—	—	6
中国	18 236	2014	55.9	8.5	12	5	4.6	3.2	—	10.8
巴西	16 096	2012	61	14	15	3	2	—	—	5
印度尼西亚	13 079	2012	62	6	11	9	8	—	—	4
印度	7762	2011	52.32	13.8	7.89	0.93	1.49	1	—	22.57
越南	7447	2012	60	2	16	7	6	—	—	9
缅甸	6674	2012	54	8	16	7	8	—	—	7

1.3 城市生活垃圾常用处理方式

目前，中国城市生活垃圾无害化的处理方式主要有填埋、焚烧和堆肥（图 1-2）。近年来，中国垃圾无害化处理率逐步上升，2018 年中国清运垃圾的无害化处理率达 99%。2018 年，中国生活垃圾无害化处理方式的占比分别为填埋占 52%，焚烧占 45%，堆肥和其他方式占 3%。

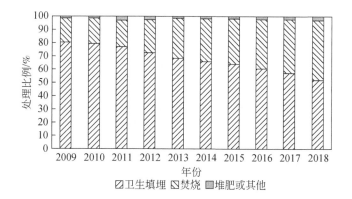

图 1-2 垃圾无害化处理比例

如图 1-2 所示，我国垃圾焚烧所占比例逐年上升，从 2009 年的 18% 上升到 2018 年的 45%。垃圾焚烧能够快速地实现垃圾的减量化，一般而言，焚烧后的垃圾质量可以减少 75%，体积减小 90%。此外垃圾焚烧可用于发电，实现资源化利用。但是垃圾焚烧同时也存在一些缺点，如初始投资额大、焚烧烟气污染、以及焚烧飞灰（危险废弃物）需要处理等。

堆肥主要针对生活垃圾中的有机废弃物，是一个利用细菌、真菌、放线菌等微生物将有机废弃物转化为稳定腐殖质的生物过程。虽然堆肥可以实现有机垃圾的资源化，但是由于堆肥周期较长，占地面积大，产生臭气，且堆肥产品质量难以控制，最终使得堆肥成本高，肥料质量低、市场小，因此生活垃圾堆肥化受到了极大限制。

目前国内生活垃圾的处理方式仍然以填埋为主。填埋法具有技术比较成熟、操作管理简单、处理量大、投资和运行费用较低、适用于所有类型垃圾等优点，且只要设计合理、做好防渗措施，就可以减少渗滤液和填埋气的污染，还可收集填埋气进行资源化利用。因此填埋法成为当今世界上最主要的城市生活垃圾处理方式。

近年来，由于土地资源的限制，在垃圾产生量较大，且经济能力较强的城市，垃圾无害化处理中焚烧所占的比例有所增加，填埋处理所占比例有所降低，2018 年填埋处理量占到了无害化处理量的 52%，较 2009 年下降了 27 个百分点。填埋垃圾需要长时间才能达到稳定化、无害化，若对垃圾降解过程中产生的渗滤液和填埋气处理操作不当不仅会影响填埋场周边环境，还可能造成安全隐患。此外，目前我国大部分城市都面临填埋场库存不够、新建填埋场选址困难增加的难题。

可以预见的是，随着中国经济的快速发展，生活垃圾的产生量持续增长，填埋仍然将是中国生活垃圾处理最主要的方式。

1.4 垃圾填埋技术

垃圾填埋是垃圾处理最古老的方法，但早期的填埋处理只是简单的垃圾入坑填埋，并未对其污染进行控制。20 世纪 30 年代才有了"卫生填埋"的概念，即对垃圾渗滤液和填埋气体进行控制的填埋方式。到 60 年代，随着简单露天堆放造成的环境污染事件不断增多，特别是 1972 年在瑞典斯德哥尔摩召开"人类环境会议"，环境问题在世界范围内受到关注以后，卫生填埋技术才得到广泛使用与发展。卫生填埋场设不同的工程系统,对填埋垃圾进行贮存并起到隔离和处理作用,一般包括防渗系统、渗滤液收集系统、填埋气收集和控制系统、雨污分流系统以及监测系统等。

1.4.1 生活垃圾降解过程

生活垃圾进入填埋场后,会发生一系列复杂的生物降解过程,垃圾中的有机物被缓慢地分解为稳定的化合物。垃圾进入填埋场初始,由于垃圾填埋体空隙中含有大量氧气,部分垃圾在好氧生物的作用下氧化分解。随着氧气耗尽,垃圾逐渐转化为厌氧生物降解,在厌氧微生物的代谢活动下,有机物最终被转化为 CH_4、CO_2、H_2O 等。垃圾在填埋场中降解要经历水解、酸化、乙酸化以及产甲烷 4 个阶段,厌氧降解过程如图 1-3 所示。

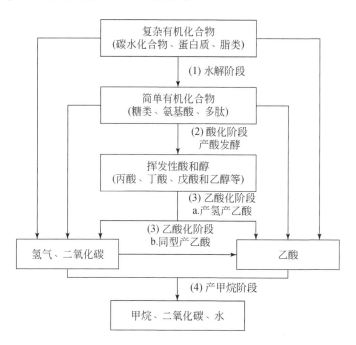

图 1-3 垃圾厌氧降解过程流程图

(1) 水解阶段

在这个阶段,复杂有机化合物首先在水解发酵细菌产生的胞外酶的作用下分解为溶解性的简单有机化合物,如纤维素被纤维素酶水解为纤维二糖与葡萄糖,蛋白质被蛋白质酶水解为多肽及氨基酸等。

（2）酸化阶段

溶解性简单有机化合物进入发酵菌（酸化菌）细胞内，在胞内酶作用下分解为挥发性脂肪酸，如乙酸、丙酸、丁酸以及乳酸、醇类、二氧化碳、氨、硫化氢等。

（3）乙酸化阶段

在这一阶段两种不同的乙酸菌将酸化阶段得到的中间产物转化成乙酸，挥发性的酸和醇等经产氢产乙酸菌作用转化为乙酸、氢气和二氧化碳，同型产乙酸菌则可以利用上已经生成的氢气和二氧化碳转化成乙酸。

（4）产甲烷阶段

在此阶段，产甲烷菌可以通过以下两个途径将乙酸、氢气和二氧化碳等转化为甲烷，一是在二氧化碳存在时，利用氢气生成甲烷；二是可以利用乙酸直接转化产生甲烷。

1.4.2 影响垃圾降解的主要因素

垃圾填埋场是一个庞大而复杂的生物反应器，填埋垃圾厌氧降解过程会受到环境条件和填埋场操作条件的影响。影响填埋垃圾降解稳定化的因素主要包括垃圾组分、含水率等垃圾特性，温度、pH 等环境因素，并受到压实、渗滤液回灌等操作工艺的影响。

（1）垃圾组分

根据垃圾组分的降解难易程度，可大体将垃圾分为四类：①不可降解组分如金属、玻璃等；②难降解组分如塑料、橡胶等；③中等可降解组分如纸类、织物等；④易降解组分如厨余垃圾。不同的垃圾组分其各自的生化降解性能大不相同，易降解物质的降解时间一般为 1~3 年，中等降解物质可能会花 20~35 年才能降解稳定，而难降解物质的降解时间甚至超过 50 年。因此，随城市生活垃圾的构成的组分占比不同，其降解稳定化时间也大为不同。

（2）温度

温度对垃圾厌氧消化过程中的微生物影响较大，大多微生物都有各自最适生长温度区间，微生物的活性与温度密切相关，温度过低则微生物处于休眠状态，而过高的温度又会令微生物失活。在最适温度区间内，产酸菌和产甲烷菌对温度变化十分敏感。提高温度有助于提高水解速率、加速垃圾厌氧降解。

（3）pH

有机垃圾降解的各阶段均需要在一个相对稳定的 pH 范围，且大多微生物对 pH 的变化适应能力比对温度的变化适应能力低。产酸菌所能适应的 pH 范围相对较宽，从 5.5～8.5 均能适应，甚至还有一些产酸菌能在 pH 5.0 以下的环境生长。而产甲烷菌对 pH 要求较高，其 pH 范围大致为 6.8～7.2，一旦 pH 大于 8.0 或者小于 6.0，产甲烷菌的生长代谢和繁殖就会受到抑制，导致有机酸积累、酸碱平衡失调。

（4）含水率

含水率是影响垃圾降解的重要因素之一，通常情况下，含水率高，含固率低，水固界面传质阻力小，反应物和反应产物的扩散速率快，垃圾降解速率高。因为水分不仅可以溶解各种营养基质，而且可以帮助基质在空隙间扩散至微生物活跃的地方。水也是微生物的重要组成部分，水的存在对微生物生存而言至关重要，增加含水率不仅提高微生物的生长速率，而且还可以提高基质的可及性。

垃圾含水率的增加有利于胞外水解酶的增加，分泌胞外水解酶的细菌及有机物质的迁移也更加容易，增加了反应界面的接触条件，使得有机质的可得性变强，从而在高含水率的情况下获得更高的累计产甲烷量，含水率与甲烷产生呈直线关系。当含水率低于 20%，微生物活动急剧降低。

（5）压实

压实在实际填埋场中是很重要的工程操作之一。对填埋垃圾进行压实，以此缩小垃圾体体积增大密度，并相应增加填埋场的使用寿命和填埋容量。压实能改变单位体积垃圾的水分含量，也是影响垃圾降解的重要影响因素之一。垃圾在压实过程中，会通过内聚力和摩擦力抵抗荷载，其变形过程分为组分间大孔隙填充、垃圾体孔隙结合水挤出以及组分破碎 3 个阶段。

有研究发现垃圾压实能促进产甲烷衰减期垃圾降解、甲烷生成，原因是压实增加了颗粒之间的接触面积及基质的接触性。由于甲烷的产生依赖厌氧消化过程中不同微生物之间的相互作用，因此不同微生物菌落之间的平衡至关重要。在不同微生物之间的底物传质情况受浓度梯度、接触面积、扩散距离的影响。生物质增加会减少产乙酸菌和产甲烷菌之间的距离。压实能通过增加接触面积、减小扩散距离促进底物（酸性物质）从酸性区域逐渐过渡到产甲烷区域。

(6) 渗滤液回灌

渗滤液回灌可以通过增加含水率、改善营养物和生物质的补给和分布、稀释抑制物浓度等途径来影响产甲烷过程，从而对甲烷形成产生积极作用，常用于国外生物反应器填埋场。但是当垃圾的持水率超过了田间持水量时，渗滤液回灌就难以起到作用。与发达国家干垃圾含水率（垃圾含水率为 20%~25%）相对比，中国的垃圾中水分含量较高（通常大于 50%），因此，一般而言中国的城市生活垃圾没有必要通过渗滤液回灌来增大垃圾含水率。

1.5 中国垃圾填埋场主要问题

虽然卫生填埋是处置城市生活垃圾非常有效的方法之一，但是垃圾填埋场的稳定化通常要经历几十年甚至上百年，其过程一般分为初始调整阶段、过渡阶段、酸化阶段、产甲烷阶段、成熟阶段。由于大量餐厨垃圾的存在，中国大部分生活垃圾填埋场在降解效率、渗滤液处置和填埋气管理等方面面临一系列问题。

1.5.1 填埋垃圾甲烷化效率低

在很多填埋场中，较高含量的餐厨垃圾在降解的过程中容易在短时间内产生大量的有机酸，提高渗滤液中有机酸浓度，从而降低渗滤液 pH，破坏产酸与产甲烷环境的平衡，对垃圾的甲烷化产生抑制作用。酸性条件对产甲烷菌的抑止造成了有机酸的消耗不足，微生物的代谢活动很弱，垃圾的生化降解效率低下。有机酸的过量累积使得填埋场长时间处于酸化阶段，因此，如何提高填埋场垃圾降解效率，促使填埋场快速达到稳定化阶段是填埋场实际工程中一个亟待解决的重要问题，也是提高填埋气收集和利用效率的重要前提。

1.5.2 堆体内渗滤液水位壅高

中国大多数填埋场存在渗滤液产量大、堆体水位高的问题，造成渗滤液管理困难。填埋垃圾自身在压缩降解作用下产生大量渗滤液。中国的生活垃圾填埋场中每吨垃圾产生的渗滤液量达到 500~800L（发达国家仅为 150L 左右），尤其在自然降雨量高的南方地区，产生的渗滤液更多。

渗滤液收集系统的堵塞也是造成渗滤液在填埋场中淤积的重要原因之一。渗滤液收集系统位于填埋场的底部，由带孔的渗滤液收集管道和周围包裹的砾石组成。渗滤液收集系统堵塞的原因包括生物结垢，盲沟设计半径太大，无机盐的表面结垢（例如碳酸钙），砾石间空隙减小等。如果填埋场技术水平较低或管理不当，渗滤液收集系统更容易堵塞，造成渗滤液无法及时导排等，导致渗滤液水位壅高。

较大的渗滤液产量及渗滤液管道的堵塞经常发生在填埋场的运行过程中，导致了填埋场中渗滤液水位的增高及垃圾体内部的气压增大。表 1-2 列举了国内外填埋场渗滤液淤积时所观察到的水位高度情况，渗滤液的淤积在中国的填埋场中普遍存在。

表 1-2　国内外填埋场渗滤液淤积

地点	填埋场名称	渗滤液高度/m
中国，深圳	下坪	14
中国，苏州	七子山	10.7～16.3
中国，深圳	老虎坑	9～19
中国，上海	老港	8～25
中国，北京	安定	20
加拿大，多伦多	Keele Valley	8.4
韩国	Kimpo Metropolitan	15

填埋场不仅存在单一部位渗滤液水位壅高，填埋场上部、底部均可能存在饱和区，同时由于中间覆盖层（低渗透性垃圾、覆土或覆膜）的阻断作用，还可能形成上层滞水、水位壅高的复杂形态。渗滤液淤积不仅会造成渗滤液从填埋场边缘渗出，导致地表水污染，而且会让填埋气不能及时排出或者被有效收集，使得填埋场内部气压增大。当填埋气体无法及时导排出填埋堆体时，会造成填埋场内孔隙压力增高，剪切力下降，从而导致填埋场堆体失稳、滑坡等安全问题。表 1-3 总结了国内外填埋场渗滤液淤积、内部气体压力大等问题导致的填埋场滑坡事故。因此，如何解决填埋场中堆体内渗滤液水位壅高和内部气压过大，是中国填埋运营面临的一个重大挑战。

表 1-3　国内外填埋场发生的滑坡事故

年份	地点	填埋场名称
2008	中国，深圳	下坪
2005	印度尼西亚	Leuwigajah
2005	菲律宾	Payatas
2002	中国，重庆	凉枫垭
1997	哥伦比亚	Dona Juana
1997	南非	Durban
1995	土耳其	Umraniye-Hekimbasi
1979	南斯拉夫	Sarajevo

1.5.3　填埋气无组织排放

填埋气（landfill gas，LFG）是指填埋场内由于微生物活动以及其他因素产生的成分复杂的混合性气体，其主要成分是 CH_4（50%～60%，体积比）和 CO_2（40%～50%，体积比），剩余不到2%的其他气体成分由于体积占比少而统称为微量气体，包括 H_2O、H_2S、NH_3、硅氧烷、O_2、N_2、卤代烃等。填埋气的主要成分 CH_4 和 CO_2 均为重要的温室气体，而微量气体是填埋场恶臭污染的主要来源。

CH_4 是仅次于 CO_2 的全球排放量第二大的温室气体，且 CH_4 的全球变暖潜势约为 CO_2 的25倍。据估算，全世界每年 CH_4 排放量约为5亿t，其中有2200万～3600万t来自垃圾填埋场。但是，中国填埋场普遍产气效率偏低，而且存在渗滤液在堆体内淤积等问题，导致了中国传统填埋场中气体的收集效果不佳，收集率不足20%，远低于发达国家60%的收集效率。尤其是大多数中小型填埋场，未配备填埋气体收集装置，垃圾产生的大量填埋气无组织排放到大气环境中，对环境造成巨大影响。如何经济、高效地处理城市生活垃圾填埋场的无组织排放的甲烷是中国亟待解决的社会与环境问题之一。

填埋气无组织排放也使垃圾填埋场成为重要的恶臭污染源之一，引起全球的广泛关注。填埋场恶臭气体具有产生量大、影响范围广和持续时间长等特点，因此很难控制。填埋场内垃圾清运车的频繁进出、作业面垃圾倾倒、垃圾的铺平压实等过程均可能释放出恶臭气体，填埋场作业面、渗滤液调节池、填埋气收集系统都可能成为填埋场的恶臭释放源。而且由于填埋管理工艺水平的限制，垃圾作业面在实际工程中往往无法及时全覆盖，导致作业面的恶臭暴露仍难以控制，而且尽管安装有集气系统，但填埋场整体集气效率不高，不能对填埋气进行有效收集，这些都导致了填埋场的恶臭气体排放。

大多数恶臭气体嗅阈值极低，会给附近居民造成不良影响。随着社会经济的发展和环保意识的提高，人们对由恶臭引起的污染问题更加敏感。近年来，在国内很多大城市由于填埋场恶臭事故而引起的居民投诉、抗议事件也频繁见诸报端。因恶臭排放产生的"邻避效应"也使得新填埋场的选址更加困难。因此，生活垃圾卫生填埋场的设计理论及工程技术问题日益受到应有的重视。

参 考 文 献

程磊，刘意立，杨妍妍，等. 2019. 我国生活垃圾填埋场特征性问题原因分析与对策探讨 [J]. 环境卫生工程，27（4）：1-4.

张乾飞，杨承休，王艳明. 2007. 垃圾卫生填埋场稳定性分析综述 [J]. 环境卫生工程，15（4）：40-44.

Bae W，Kwon Y. 2016. Consolidation settlement properties of seashore landfills for municipal solid wastes in Korea [J]. Marine Georesources & Geotechnology，35（2）：216-225.

Blight G. 2008. Slope failures in municipal solid waste dumps and landfills：A review [J]. Waste Management Research，26（5）：448-463.

Caicedo B，Giraldo E，Yamin L. 2002. The landslide of Dona Juana landfill in Bogota. a case study [C]. Proceedings of the fourth international congress on environmental geotechnics (4th ICEG). Rio de Janeiro，Brazil.

Gandolla M. 1979. Stability problems with an uncompacted waste deposit [J]. ISWA Journal，29（28）：5-11.

Jang Y S，Kim Y W，Lee S I. 2002. Hydraulic properties and leachate level analysis of Kimpo metropolitan landfill，Korea [J]. Waste management，22（3）：261-267.

Jiang J，Yang Y，Yang S，et al. 2010. Effects of leachate accumulation on landfill stability in humid regions of China [J]. Waste Management. 30（5）：848-855.

Kocasoy G，Curi K. 1995. The Umraniye-Hekimbasi open dump accident [J]. Waste Management & Research，13（4）：305-314.

Koelsch F，Fricke K，Mahler C，et al. 2005. Stability of landfills- the bandung dumpsite disaster [C]. Proceedings of the 10th International Waste Management and Landfill Symposium，Cagliari，Italy.

Koerner R M, Soong T Y. 2000. Stability assessment of ten large landfill failures [J]. Advances in Transportation and Geoenvironmental, 3 (103): 1-38.

Merry S M, Kavazanjian E, Fritz W U. 2015. Reconnaissance of the July 10, 2000, Payatas Landfill Failure [J]. Journal of Performance of Constructed Facilities, 19 (2): 100-107.

USEPA. 2014. Municipal solid waste generation, recycling, and disposal in the United States: Facts and figures for 2012 [R]. USEPA: Washington D C.

Peng R, Hou Y, Zhan L, et al. 2016. Back-analyses of landfill instability induced by high water level: case study of Shenzhen landfill [J]. Environmental Research and Public Health, 13 (1): 126-133.

Rowe R K. 2005. Long-term performance of contaminant barrier systems [J]. Geotechnique, 55 (9):631-678.

Sharma K D, Jain S. 2019. Overview of municipal solid waste generation, composition, and management in India [J]. Journal of Environmental Engineering, 145 (3): 1-18.

Shekdar A V. 2009. Sustainable solid waste management: an integrated approach for Asian countries [J]. Waste Management, 29 (4): 1438-1448.

Sukholthaman P, 2016. Sharp A. A system dynamics model to evaluate effects of source separation of municipal solid waste management: A case of Bangkok, Thailand [J]. Waste Management, 52: 50-61.

Tony L T Z, Xiao B X, Yun M C, et al. 2015. Dependence of gas collection efficiency on leachate level at wet municipal solid waste landfills and its improvement methods in China [J]. Geotechnical and Geoenvironmental Engineering. 141 (4): 1-11.

Wang D, Tang Y T, Long G, et al. 2020. Future improvements on performance of an EU landfill directive driven municipal solid waste management for a city in England [J]. Waste Management, 102: 452-463.

Wei Y, Li J, Shi D, et al. 2017. Environmental challenges impeding the composting of biodegradable municipal solid waste: A critical review [J]. Resources, Conservation and Recycling. 122: 51-65.

World Bank. 2012. What a waste: A global review of solid waste management [R]. World Bank: New York.

Zhang W, Zhang G, Chen Y. 2013. Analyses on a high leachate mound in a landfill of municipal solid waste in China [J]. Environmental Earth Sciences, 70 (4): 1747-1752.

Zhou H, Meng A, Long Y, et al. 2014. An overview of characteristics of municipal solid waste fuel in China: Physical, chemical composition and heating value [J]. Renewable and Sustainable Energy Reviews, 36 (30): 107-122.

第2章 | 生物反应器填埋技术

在传统卫生填埋中，填埋场仅仅作为一个被动的垃圾接纳场所，垃圾降解缓慢，渗滤液和填埋气污染问题突出。为解决此问题，自20世纪70年代起，美国、英国、加拿大、澳大利亚、德国、日本等国相继开始生物反应器填埋场技术（bioreactor landfill）的研究。近年来，以渗滤液回灌为主要特征的厌氧生物反应器作为垃圾填埋新技术在欧美等国迅速发展应用。然而，由于我国生活垃圾有机质含量丰富，直接采用厌氧生物反应器操作容易造成有机酸累积，导致产甲烷过程滞后；而且在厌氧环境下缺乏氨氮的降解途径，导致后期渗滤液氨氮积累及碳氮比（C/N）过低，不仅可能对填埋垃圾自身产甲烷过程产生不利影响，同时也加大了后续渗滤液处理的难度。本章首先介绍生物反应器填埋技术的研究概况，然后结合中国生活垃圾的特点对曝气混合式生物反应器的设计、效果和机理进行了分析。

2.1 生物反应器填埋技术概述

垃圾生物反应填埋器技术（bioreactor landfill）是在传统卫生填埋技术基础上发展起来的一种垃圾处置技术，其核心是通过回灌渗滤液来强化填埋垃圾中的生物降解过程，将垃圾填埋场从传统的被动接受垃圾的系统转变成一个可控的生物反应器系统，从而加速垃圾中有机组分的转化和稳定、提高生物降解速度。

相比于传统垃圾填埋场，生物反应器填埋场具有以下优点。

1）降解速度快：渗滤液回灌为填埋垃圾层中输入了水分、微生物及必需的营养物质，强化了填埋场中微生物的新陈代谢，使得生物反应器填埋场内部形成了有利于相应微生物生长的适宜环境，垃圾的降解速度比传统卫生填埋场快，垃圾层沉降速率也相应加快。

2）填埋能力强：垃圾生物反应器填埋技术能加速有机垃圾的生化降解，缩短垃圾稳定化所需时间，从而提高现有垃圾场的垃圾填埋量，在一定程度上能缓解对土地的需求。

3）产气量增加：垃圾层快速进入了甲烷发酵阶段，不仅使产气时间提前，而且使产气时间更加集中，单位垃圾产气量和产气速率得以明显增加。如图2-1所示，相比于传统卫生填埋场，生物反应器填埋场填埋气的产气速率明显加快，产气区间大大缩短，更加有利于填埋气的收集和利用。

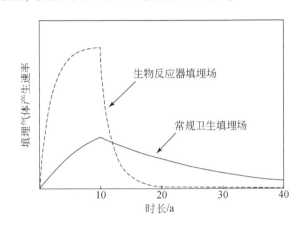

图 2-1　生物反应器填埋场和常规填埋场的产气速率比较

目前已有报道的生物反应器填埋场有以下三种：厌氧生物反应器填埋场、好氧生物反应器填埋场，以及混合式生物反应器填埋场。

2.1.1　厌氧生物反应器填埋场

厌氧生物反应器填埋场是指仅采用液体添加来加速垃圾降解的填埋方式，所添加的液体往往是其自身所产生的渗滤液，也可以包括地下水及雨水等。因此相比于传统的卫生填埋场，厌氧生物反应器填埋场增加了渗滤液回流和水分调节系统，以及优化回流渗滤液系统。通过渗滤液回灌，优化微生物活动的条件，从而加速垃圾降解及产甲烷速率。

渗滤液的回灌方式主要分为填埋期间回灌、表面回灌和内层回灌三大类。填埋期间回灌即是在垃圾填埋压实期间，直接将渗滤液回灌至垃圾层上的一种方式；表面回灌方式常见的有表面喷洒及盲槽渗滤；内层回灌即通过在操作单元上打井或铺设内部管网来实现渗滤液的循环，主要包括三种方式：平面管网，浅井式自然渗滤和利用导气竖井回灌。

相比于传统卫生填埋，厌氧生物反应器填埋技术有诸多优势，如降低渗滤液有机污染物浓度，加速垃圾降解，加速填埋气产生速率，缩短垃圾稳定化所需时间。但是我国生活垃圾中有机厨余垃圾占比较大，有机质含量高，在厌氧生物反应器填埋方式下，如果采用原液循环的厌氧生物反应器，有机物的加速水解易导致渗滤液中挥发性酸有机（VFA）的积累，导致产甲烷过程受到抑制，使填埋场长时间停留在产酸阶段。同时，由于缺乏必要的生物脱氮路径，渗滤液中氨氮浓度会随着填埋垃圾的降解和渗滤液的循环而不断地升高，甚至使其后期渗滤液中氨氮浓度高于传统卫生填埋场；其渗滤液后期 C/N 较低，又增加了场外脱氮的难度。因此，常规厌氧生物反应器填埋场在我国的应用受到限制。

2.1.2 好氧生物反应器填埋场

好氧生物反应器填埋场是在垃圾体内布设通风管网，通过空气压缩设备将新鲜空气强制注入垃圾层内部，同时将填埋层内的二氧化碳等气体排出，为填埋层中的微生物创造好氧环境，从而加速垃圾降解，减少甲烷等温室气体排放。在好氧填埋方式下，有机污染物通过好氧降解途径降解，降解速度较快，垃圾性质较快稳定，堆体迅速沉降；反应过程中产生较高温度，使垃圾中大肠杆菌等得以消灭；通风也加大了垃圾体的水分蒸发，可减少垃圾渗滤液的产生。

好氧反应器填埋的技术关键在于通过调节曝气强度和渗滤液回灌负荷，将垃圾体温度和湿度控制在适宜好氧微生物活动的范围内，从而实现垃圾的快速稳定。鼓风曝气在创造好氧环境的同时，又会带走部分热量；而渗滤液回灌在增加水分的同时，会对氧气在垃圾体中的扩散造成影响。在美国佐治亚州两处填埋场进行的好氧生物反应器填埋实验表明，通过合理控制曝气强度和回灌负荷，在将垃圾含水率维持在 40% ~ 70% 的同时，转变填埋场内厌氧环境为好氧环境，可以减少 80% 的甲烷释放，同时显著改善渗滤液水质（表 2-1）。美国佛罗里达大学对好氧生物反应器填埋方式下填埋气中的组分进行了研究，结果表明，填埋气中 CH_4/CO_2 的比值从 1.25 降至 0.44，并且发现湿度越大的区域，甲烷浓度也越高；而随着 CH_4/CO_2 比值的降低，硫化氢浓度也在降低，一氧化碳浓度则在升高。而其他组分如挥发性有机物（VOCs），N_2O 浓度则与 CH_4/CO_2 比值没有明显相关性。

表 2-1 好氧生物反应器填埋对填埋过程污染物释放的削减

参数	改善情况
降解速率	提高 50%
垃圾沉降	平均提高 4.5%
甲烷产量	降低 50% ~90%
渗滤液 BOD	降低 70%
渗滤液 VOCs	降低 75% ~99%
臭气	明显减弱
渗滤液体积	降低 86%

好氧填埋除了主动给填埋场通风之外,还有日本提出的一种准好氧填埋方式。这种填埋方式不需要进行动力供氧,而是借助渗滤液收集管道的非满流设计,利用填埋层内与环境之间的温度差使空气自然通入,在垃圾堆体发酵产生温差的推动下,使填埋场内部存在一定的好氧区域,使得填埋体内部好氧与厌氧区域交替存在,加快有机垃圾的分解速度。准好氧填埋结构中填埋层内部分为有氧环境,以及部分厌氧环境,这样的结构有利于硝化作用和反硝化作用同时进行,使得有机物分解产生的氨氮大部分以氮气的形式进入空气,从而使渗滤液中氨氮得到有效去除。

总而言之,好氧填埋的优势在于降低渗滤液污染强度,减少甲烷等温室气体的排放,加快垃圾沉降速率,延长填埋场使用年限。好氧填埋适应于干旱少雨地区的中小型城市,适合于填埋有机物含量高而含水率低的生活垃圾。该类型的填埋场通风阻力不宜太大,故填埋体高度一般都较低。然而其结构较复杂,单位造价较高,有一定的局限性,因此在国内应用不广。

2.1.3 混合式生物反应器填埋场

混合式生物反应器填埋场是指通过人为控制,实现填埋垃圾堆体内好氧条件和厌氧条件相结合的填埋方式,是近些年来研究热点之一。混合式生物反应器可以采用连续曝气和循环通风曝气的方式。循环通风曝气的方式使填埋场内部好氧-厌氧环境交替出现，也被称作间歇性曝气。有研究表明，相比于连续曝气所创造的好氧环境，间歇性曝气有利于实现渗滤液的快速稳定。

这种类型的填埋方式的优势在于，一些在厌氧条件下难以被微生物降解的有机物，如木质素和芳香族化合物，在好氧条件下则可以被较快分解，从而加速填埋场的稳定化进程，降低渗滤液有机污染物浓度。与此同时，由于好氧-厌氧条件的引入，为氮的硝化和反硝化创造了有利条件，有利于降低渗滤液中氨氮浓度。

综上所述，转变填埋场内厌氧环境为好氧环境，并利用渗滤液回灌增加填埋垃圾湿度，增加有机物和微生物在填埋场内的接触，创造有利于微生物活动的条件，可以显著加速垃圾降解，减少垃圾稳定化所需时间，降低渗滤液污染强度和填埋气中甲烷浓度，从而减轻封场后管理负担。

2.2　曝气混合式生物反应器设计

对我国城市生活垃圾而言，由于餐厨垃圾占比较高，填埋初期产甲烷微生物较少，渗滤液直接回灌易导致填埋垃圾层固相有机物水解酸化速度加快，有机垃圾的水解酸化和甲烷化代谢不平衡，从而导致 VFA 迅速积累，填埋环境 pH 迅速降低，填埋层酸化导致微生物的新陈代谢受到抑制，进而造成甲烷化过程的滞后等现象。

由于微生物作用，高厨余垃圾中的蛋白质等含氮有机物在水解过程中均可形成大量氨氮，在厌氧环境中无法通过原位硝化、反硝化途径去除，因此在渗滤液中逐渐累积。而氨氮的大量累积对外界环境卫生造成威胁，增加后续生化处理的困难，且反过来又会抑制填埋场内微生物的代谢活动。我国这类有机质含量较高的生活垃圾，直接利用厌氧生物反应器处理效果并不明显，氨氮累积问题将会更加严重。

因此，在现有国内外垃圾填埋技术的基础上，结合我国城市生活垃圾的特点，开发出一套降解速率快、运行成本低、产气快速集中的填埋前处理工艺具有重要意义。针对目前存在的问题，在现有生物反应器填埋技术基础上进行改进，构造曝气混合式生物反应器，在加速垃圾甲烷化的同时，促进渗滤液的高效脱氮处理（图2-2）。

填埋柱由有机玻璃制成，均在顶部设置渗滤液回灌口和出气口进行气体收集，底部设置渗滤液排出口。对于曝气混合式填埋柱而言，顶部另设置曝气口，用于上部垃圾层的通风曝气，外端用软管连接电磁式曝气泵，内端连接竖直曝气管，曝气管直接连通位于垃圾体内的中间曝气砾石层。竖直曝气管底端连接防滑挡板，以保证在垃圾降解过程中，曝气管可随垃圾共同沉降。

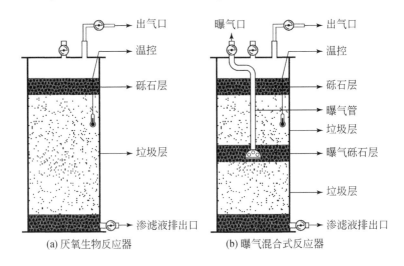

图 2-2　反应器结构示意图

2.3　渗滤液原位处理

设置 4 个模拟填埋柱，包括 1 个厌氧生物反应器（C）和 3 个曝气混合式反应器（A1、A2、A3）。各填埋柱装填约 13.2kg 湿垃圾，所用垃圾由人工配置，其组分为：餐厨占 55%，沙土占 20%，纸张占 10%，塑料占 10%，玻璃占 4.5%，金属占 0.5%。装填前，垃圾均被破碎至 5cm 以下；装填时，为保证垃圾密度均匀，采用分层装填、分层压实的方式装填。垃圾层装填厚度均为 0.7m，装填密度约为 600kg/m³。厌氧反应器每天仅模拟原液回灌，曝气混合式反应器在进行原液回灌的同时，对垃圾进行间歇性曝气。反应器一共连续运行 300d，待渗滤液水质稳定及垃圾层稳定后停止。实验期间监测渗滤液水质变化及填埋气组成随时间的变化情况（表 2-2）。

表 2-2 模拟填埋柱运行条件设计

编号	类型	渗滤液	曝气时间/（h/d）	曝气速率/（L/h）
C	厌氧生物反应器	原液回灌，500mL/d	无	—
A1	曝气混合式反应器	原液回灌，500mL/d	2	30
A2	曝气混合式反应器	原液回灌，500mL/d	4	30
A3	曝气混合式反应器	原液回灌，500mL/d	8	30

2.3.1 渗滤液 pH 及 ORP 变化

处理过程中渗滤液 pH 变化如图 2-3 所示。填埋后初始渗滤液 pH 均为 6.0～6.5，随着回灌的进行，无论是厌氧反应器还是曝气混合式反应器，渗滤液 pH 均迅速降低至 5.5～5.8。此后，A3、A2、A1 各反应器渗滤液相继快速上升，在 80d 左右时便回升至 7.0 左右，继续上升至 7.5 以上后，A1 柱渗滤液 pH 稳定在 7.5 以上，A2、A3 柱渗滤液则经历短暂降低后稳定在 7.0～7.5。厌氧反应器 C 的渗滤液 pH 在降至最低点 5.5 后也开始回升，但上升速度非常缓慢，至实验结束时仍在 6.5 以下。

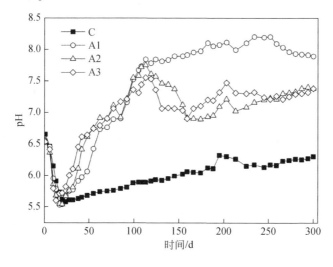

图 2-3 渗滤液 pH 变化（C、A1、A2、A3）

各反应器渗滤液 pH 的初期变化表明，在曝气混合式反应器和厌氧生物反应器填埋方式下，初期渗滤液中均会含有大量因垃圾有机组分水解产生的大量酸性物质，导致 pH 迅速降低。随着回灌的进行，反应器中微生物活动逐渐呈现不同的状态。曝气混合式反应器上层逐渐建立以好氧微生物为主的微生物种群，可通过有氧呼吸迅速降解回灌渗滤液中的酸性物质，从而起到缓冲 pH 的作用，使得 pH 迅速回升。厌氧填埋方式下，渗滤液 pH 的提升主要依靠产甲烷微生物对有机酸的利用，C 柱渗滤液 pH 上升缓慢，说明厌氧填埋方式下填埋环境的迅速酸化对垃圾层中微生物的演替产生了严重抑制，产甲烷微生物种群建立缓慢。试验中曝气强度最高的反应器 A3 渗滤液 pH 最先开始上升说明曝气强度对渗滤液 pH 也会产生一些影响。曝气时间越长，好氧垃圾层对渗滤液 pH 缓冲能力建立越迅速，但是相对而言影响并不大。

氧化还原电位（ORP）可以反映体系氧化性还原能力的相对程度，同时也可反映出系统中化合物的组成、溶解氧等的差异。各反应器渗滤液 ORP 变化如图 2-4所示。厌氧反应器 C 初始渗滤液 ORP 为 −350mV 左右，经过回灌之后，渗滤液 ORP 迅速上升，此后除个别点波动较大外，多数在 −100mV 左右波动。曝气混合式反应器渗滤液 ORP 初始值较高，在 −250 ～ −220mV，经过两周的时间迅速上升至 −100mV 以上；随后开始迅速降低，50d 时降至 −300mV 以下，此后，各曝气混合式反应器渗滤液 ORP 值在 −300mV 左右波动，各反应器 ORP 值差别不大。

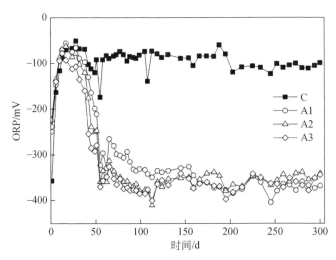

图 2-4　渗滤液 ORP 随时间变化（C、A1、A2、A3）

2.3.2　COD 及 BOD₅变化

各反应器渗滤液化学需氧量（COD）、5 日生化需氧量（BOD$_5$）变化如图 2-5 和图 2-6 所示。整个处理过程中，厌氧反应器 C 中渗滤液 COD、BOD$_5$无大的变化，COD 在 70 000mg/L 上下波动，BOD$_5$ 在 55 000mg/L 左右波动。曝气混合式反应器 COD、BOD$_5$均经历了快速降低与缓慢降低阶段。在 10d 时，A3 反应器渗滤液 COD 浓度首先开始降低，在 16d 左右时，A2 反应器渗滤液 COD 开始降低，在 30d 左右时，A1 反应器渗滤液 COD 开始降低；在反应器运行到 100d 时，A1、A2、A3 中渗滤液 COD 分别均降至 10 000mg/L 以下，相比试验初期分别降低了 84.2%、85.9% 和 87.6%，缩减幅度达 50 000mg/L 以上。在 100d 之后，随着渗滤液中易降解有机物的消耗殆尽，各曝气混合式反应器渗滤液 COD 下降速度明显降低，至实验结束时（300d），A1、A2、A3 中渗滤液 COD 分别为 2500mg/L、1800mg/L、1600mg/L，相比试验初期分别降低了 95.8%、97.2%、97.3%。

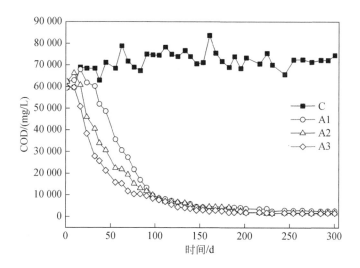

图 2-5　渗滤液 COD 随时间变化（C、A1、A2、A3）

BOD$_5$变化情况与 COD 相似，实验初期各反应器渗滤液 BOD$_5$分别为 50 000mg/L、51 700mg/L、50 700mg/L 及 54 700mg/L。在实验中前期（0～100d），各曝气混合式反应器渗滤液 BOD$_5$迅速降低，且曝气频率越高，BOD$_5$

下降速度越快。在 100d 时，各曝气混合式反应器渗滤液 BOD_5 分别为 5500mg/L、5900mg/L 及 4250mg/L，相比实验初期分别降低了 89.4%、88.3% 及 92.2%。在 100d 之后，BOD_5 进入缓慢下降阶段，至实验结束时（300d），各曝气混合式反应器 A1、A2、A3 渗滤液 BOD_5 分别为 442mg/L、251mg/L 及 188mg/L，相比试验初期均降低了 99.0% 以上。厌氧反应器柱 C 的渗滤液 BOD_5 则始终维持在较高水平，在 50 000 ~ 60 000mg/L 波动。

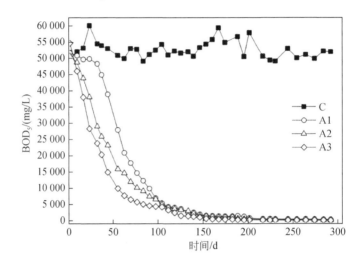

图 2-6　渗滤液 BOD_5 随时间变化（C、A1、A2、A3）

　　COD 与 BOD_5 的变化表明厌氧反应器内部微生物活动始终处于受抑制状态，水解酸化产生的大量有机酸无法被产甲烷菌利用，过高浓度的有机酸和较低的 pH 又对其他有机物降解途径形成了抑制，使得填埋垃圾层呈现"青贮"的状态。而曝气混合式生物反应器借助上部好氧微生物对 VFA 等酸性物质的快速降解，营造了适宜微生物生长活动的中性或偏碱性环境，避免了"青贮"现象，实现了渗滤液中有机污染物的快速降解去除。

　　图 2-7 显示了各反应器渗滤液 BOD_5/COD 随时间的变化。对于填埋过程，渗滤液 BOD_5/COD 可间接反映填埋垃圾的稳定化程度：处于稳定阶段的填埋垃圾层产生的渗滤液 BOD_5/COD 一般低于 0.1。对各反应器渗滤液 BOD_5/COD 的分析表明，由于微生物活动的抑制，厌氧生物反应器所产生的渗滤液 BOD_5/COD 虽略有下降，但总体保持在接近 0.8 的水平，说明其中含有的大量易降解有机物并未能被降解利用。混合生物反应器渗滤液的生化性随着填埋时间的增长而不断降低，至实验结束时，A1、A2、A3 渗滤液 BOD_5/COD 分别降至 0.17、0.14 和

0.11，已经接近稳定渗滤液 BOD$_5$/COD 的状态。

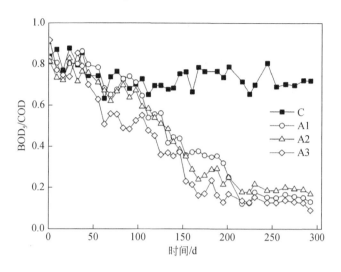

图 2-7 渗滤液 BOD$_5$/COD 随时间变化（C、A1、A2、A3）

2.3.3 含氮物质变化

后期渗滤液中高浓度氨氮（NH$_3$-N）是传统填埋及厌氧生物反应器填埋方式下渗滤液毒性的主要决定因素之一，也是垃圾填埋过程中的主要长期威胁。图 2-8 和图 2-9 为试验期间各反应器渗滤液 NH$_3$-N 及总氮（TN）浓度变化曲线。可以看出，TN 与 NH$_3$-N 浓度变化趋势基本一致。实验初期，厌氧反应器 C 的渗滤液 NH$_3$-N 浓度及 TN 浓度分别从 159mg/L、532mg/L 迅速升高到 1695mg/L、2259mg/L，NH$_3$-N 在 TN 中所占比例由 30.0% 增加到 75.0%，之后保持缓慢上升的趋势，至实验结束时，反应器 C 渗滤液 NH$_3$-N 浓度与 TN 浓度分别达到 3103mg/L 及 4030mg/L，NH$_3$-N 占 TN 比例为 77%。

A1、A2、A3 均为曝气混合式反应器，但因为曝气强度的不同，渗滤液含氮物质浓度也呈现出明显差异。A1 反应器渗滤液 NH$_3$-N、TN 浓度在经历初期的快速上升后分别逐渐稳定在 2500mg/L、2800mg/L，NH$_3$-N 占 TN 比例由实验开始时的 16.5% 在 40d 内上升至 87.5%，实验进行到 250d 左右时开始下降，至实验结束时 NH$_3$-N 浓度降至 988mg/L。A2 反应器渗滤液 NH$_3$-N 先是经历快速上升阶段（0~40d）达到 2500mg/L 左右，在 2200~2500mg/L 稳定一段时间后（40~

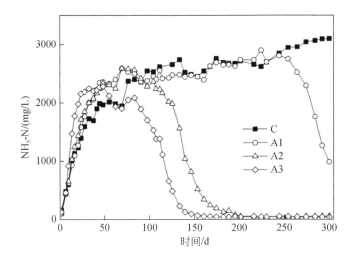

图 2-8 渗滤液 NH$_3$-N 随时间变化（C、A1、A2、A3）

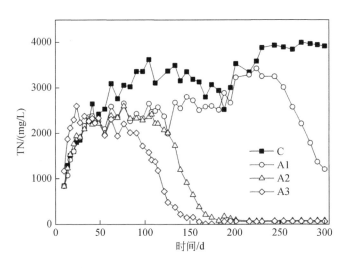

图 2-9 渗滤液 TN 随时间变化（C、A1、A2、A3）

110d）开始迅速下降，至 180d 时已降至 100mg/L 以下，NH$_3$-N 在 TN 中所占比例由实验开始时的 17.9% 升至 90.3%。A3 反应器渗滤液 NH$_3$-N 浓度的变化情况与 A2 相似，但是其 NH$_3$-N 浓度上升速度更快，在 20d 左右时便达到 2000mg/L 以上，最高浓度为 2245mg/L，出现在 32d，80d 左右时便开始迅速下降，至 140d 时已降至 100mg/L 以下，此时 NH$_3$-N 占总 TN 的比例由实验开始时的 19.7% 提高至 97.5%。各反应器氨氮峰值及实验结束时氨氮浓度总结如表 2-3 所示。

表 2-3　各反应器 NH_3-N 峰值及实验结束时 NH_3-N 浓度

项目	C	A1	A2	A3
NH_3-N 峰值	3103mg/L	2899mg/L	2591mg/L	2267mg/L
NH_3-N 下降开始时间	—	250d	120d	80d
实验结束时 NH_3-N 浓度	3103mg/L	988mg/L	53mg/L	37mg/L

氧气是填埋场脱氮的必要条件，是影响生物反应器脱氮效率的重要因素之一。由图 2-10 可知，厌氧氨氧化和硝化过程等主要脱氮过程都需要氧气的参与。并且随着氧气浓度的增加，硝化作用会逐渐增强成为主导过程，反硝化作用则会相应减弱。

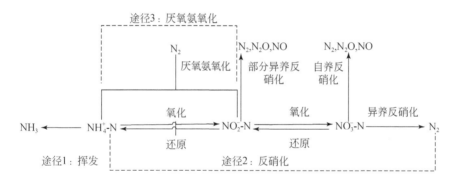

图 2-10　氮元素各种形式之间的转化

相比于总氮及氨氮数千毫克每升的浓度值，试验期间各反应器渗滤液硝态氮浓度始终处于较低水平。厌氧反应器 C 硝态氮浓度在 10mg/L 左右波动，混合反应器 A1 渗滤液硝态氮浓度在 250d 前变化不大，约在 20mg/L 左右波动，在接近实验结束时，硝态氮浓度出现了一定程度的上升。混合反应器 A2 在实验开始不久其渗滤液硝态氮浓度便上升至 30mg/L 左右，达到了 40mg/L 以上，在 30mg/L 持续约 150d 后，硝态氮浓度出现明显降低过程后，稳定在 15～20mg/L 左右直至实验结束。混合反应器 A3 硝态氮浓度更高，达到了 40mg/L 以上，持续约 100d 后，降至 15mg/L 左右并稳定至实验结束。

表 2-4 总结了不同时期各反应器渗滤液含氮物质存在形式的变化。从中可以看出，无论在厌氧反应器填埋还是曝气混合式填埋方式下，初期渗滤液中有机氮含量较高，但在 50d 内，大量有机氮便会快速转变为氨氮，此后渗滤液中的氮主

要以无机氮的形式存在。在混合反应器 A2、A3 渗滤液中，由于氨氮浓度的降低，后期渗滤液中有机氮与硝氮所占比例有所提高，但是二者依然保持较低浓度水平。

表 2-4　渗滤液各种形态氮所占比例　　　　　（单位：%）

项目	时间	C	A1	A2	A3
氨氮	1d	29.9	16.5	17.9	19.7
	48d	81.3	96.7	96.7	95.5
	97d	75.8	94.2	95.7	93.5
	300d	79.3	81.6	61.2	53.6
有机氮	1d	68.7	82.5	80.8	78.5
	48d	18	3.3	2.2	3.1
	97d	23.8	4.9	2.9	4.8
	300d	20.4	15.8	22.5	24.3
硝态氮	1d	1.4	1	1.3	1.8
	48d	0.7	0.8	1.1	1.4
	97d	0.4	0.9	1.4	1.7
	300d	0.3	2.6	16.3	22.1

分析认为，无论厌氧还是好氧环境，渗滤液中有机氮都可以迅速经氨化作用转化为氨态氮。在厌氧条件下，由于缺乏必要的降解途径，氨氮可积累至很高浓度，对垃圾稳定化及后续生物处理产生不利影响。而在曝气混合式反应器填埋方式下，氨氮可通过生物硝化反硝化或吹脱的方式得以去除，渗滤液氨氮及总氮浓度能否快速下降主要取决于垃圾层硝化能力的高低。

2.4　垃圾甲烷化促进效果

我国城市生活垃圾中含有大量餐厨垃圾（含可溶性糖及蛋白质），在常规厌氧填埋方式下，固相有机物水解酸化速度加快，导致挥发性有机酸迅速积累，填埋环境酸化，使产甲烷微生物的生长繁殖受到抑制。而生物反应器的渗滤液回灌在加速有机物水解溶出的同时，更易加剧产甲烷过程和水解酸化之间的不平衡，从而导致产甲烷微生物的生长繁殖受到抑制，产甲烷过程严重滞后。填埋层部分通风曝气为加速垃圾甲烷化代谢提供了可能。

设置 3 个模拟生物反应器填埋柱（表 2-5），包括原液回灌+厌氧生物反应器（C，作为对照），渗滤液好氧预处理+厌氧生物反应器（B1）以及原液回灌+曝气混合式生物反应器（B2）。C 和 B1 每天进行原液回灌，B1 每天回灌经好氧预处理的渗滤液，同时 B2 上层垃圾层进行曝气通风 4h/d。渗滤液好氧预处理的曝气速率为 2L/min，进行 5h 曝气处理。实验过程中，C 始终进行渗滤液原液回灌。B1 前期（0~135d）回灌经好氧序批式活性污泥法（SBR）预处理的渗滤液，后期（136~225d）进行原液回灌。B2 前期（0~72d）模拟原液回灌+上层曝气，后期（73~225d）停止曝气仅进行原液回灌，转为厌氧生物反应器运行。

表 2-5　模拟填埋柱实验运行方案设计

编号	反应器类型	渗滤液	垃圾层曝气
C	厌氧反应器	原液回灌，500mL/d	无
B1	厌氧反应器	好氧 SBR 处理后回灌，500mL/d	无
B2	曝气混合式反应器	原液回灌，500mL/d	4h/d，30L/h

通过实验，对原液回灌、渗滤液好氧预处理后回灌和原液回灌+垃圾层上部通风曝气等三种方式下的填埋气产气规律进行了探讨，并探讨了原位改善渗滤液水质同时加速垃圾甲烷化代谢的可能，以及各填埋方式下填埋气的可回收利用性对比。

2.4.1　填埋气甲烷浓度变化

填埋气甲烷浓度如图 2-11 所示。反应器 C 甲烷浓度在初期短暂上升，最高上升速率为 0.5%/d，最高值为 19.5%（43d）；而后甲烷浓度开始降低，100~250d 甲烷浓度基本维持不变（3%~6%），250d 后甲烷浓度再次开始缓慢上升，至试验结束时上升至 7.1%。反应器 B1 甲烷浓度逐渐上升，在渗滤液预处理回灌阶段上升速率为 0~1%/d，在原液回灌阶段甲烷浓度上升速率在 0~0.5% 变化，最终稳定在 70% 左右。反应器 B2 在停止曝气后，甲烷浓度迅速上升，上升速率达到5%/d以上，随着浓度的迅速上升，甲烷浓度上升速率也迅速降低，当停止曝气30d后，上升速率回落至接近0，甲烷浓度达到68%并保持稳定。

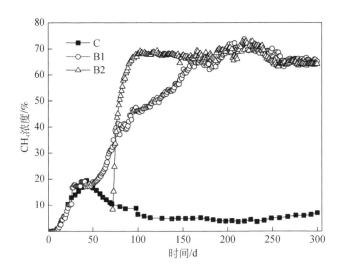

图2-11　各反应器甲烷浓度变化（C、B1、B2）

产甲烷滞后时间和甲烷化稳定时间是描述填埋垃圾层稳定化进程的指标，前者是指垃圾从进入填埋层到填埋层产生甲烷所需的时间，后者是指填埋层从开始产生甲烷到进入稳定甲烷化代谢阶段所需时间。一般而言，甲烷浓度达到5%和50%可以分别作为开始产生甲烷和进入稳定甲烷化代谢阶段的标志。表2-6列出了各填埋柱甲烷达到不同浓度时所需的时间，反应器C、B1、B2产甲烷滞后时间分别为15d、17d和1d（从停止曝气开始计算），甲烷化稳定时间则分别为大于225d、121d和9d（从停止曝气开始计算）。

表2-6　达到特定甲烷浓度所需时间　　　　　　　　（单位：d）

项目	C	B1	B2
CH_4达5%时间	15	17	1
CH_4达20%时间	—	56	3
CH_4达50%时间	—	121	9
CH_4稳定时间	—	197	32

综上所述，相比原液回灌型厌氧生物反应器，渗滤液好氧预处理型厌氧生物反应器和曝气混合式混合生物反应器均能够缩短填埋垃圾甲烷稳定化过程所需时间，有利于填埋气的收集利用。

2.4.2 产甲烷速率

各反应器产甲烷速率如图 2-12 所示。反应器 C 产气速率始终较小，最高仅为 2.0mL/（kg·d），且在甲烷浓度降低阶段，基本没有气体产生。反应器 B1 填埋气在 11d 时开始检测出甲烷，且在试验期间内出现两个产气高峰，一个出现在 135d 前的渗滤液预处理阶段，另一个出现在 135d 后的渗滤液原液回灌阶段。70d 前，反应器 B1 产甲烷速率较低，70d 后，产甲烷速率迅速提高，100d 左右时达到第一个产甲烷速率峰值 [182.2mL/（kg·d）]，随后产甲烷速率有所降低，135d 停止渗滤液预处理并原液回灌后，产甲烷速率再次迅速提高，186d 时达到第二个产甲烷速率峰值 [307.2mL/（kg·d）]。反应器 B2 在渗滤液 pH 达到 7.0 之后进入厌氧阶段，在厌氧条件下，反应器 B2 填埋气甲烷浓度迅速升高，产甲烷速率也迅速升高，95d 时（即厌氧运行的 14d）达到产甲烷速率峰值 [218.5mL/（kg·d）]。结果表明，渗滤液预处理后回灌及垃圾层曝气供氧均能够有效提高厌氧条件下垃圾产甲烷速率。

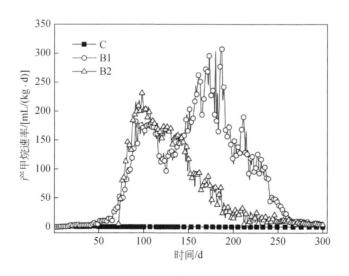

图 2-12 各反应器产甲烷速率变化（C、B1、B2）

2.4.3　填埋气产气评价

如图 2-13 所示,反应器 C 在试验期间内甲烷累计产量很小,至结束时仅为 0.04mL/kg;反应器 B1 的甲烷主要在 70 ~ 250d 产生,至结束时累积产甲烷量为 27.7L/kg,此间平均产甲烷速率为 0.154L/(kg·d);反应器 B2 的甲烷主要在 72 ~ 170d 产生,至试验结束时,累积产甲烷量为 16.5L/kg,产气期间平均产甲烷速率为 0.168L/(kg·d)。

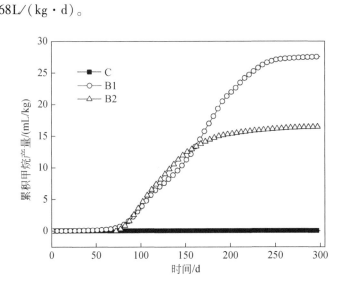

图 2-13　各反应器甲烷累积产量变化（C、B1、B2）

回收甲烷量（Q_e）占产甲烷总量（Q_t）的比值是评价填埋气可回收性的重要指标,Q_e/Q_t 越大,表明填埋气质量越高,回收利用价值越大。表 2-7 为各反应器产甲烷量的对比,其中 $Q_{e,40}$、$Q_{e,50}$ 分别表示各柱填埋气甲烷浓度大于 40%、50% 时所收集到的甲烷量。从中可以看出,产甲烷总量最高的为反应器 B1,其次为反应器 B2,反应器 C 产气量很小。一般而言,甲烷浓度达到 40% 以上表明填埋气有较高利用价值。反应器 B2 填埋柱 $Q_{e,40}/Q_t$、$Q_{e,50}/Q_t$ 最高,分别达到 98.6% 和 97%,其次为反应器 B1,分别达到 95.0% 和 73.5%,反应器 C 则由于仍处在酸化阶段,试验期间内无可回收甲烷产生。这表明,反应器 B1、B2 柱可显著缩短可回收甲烷产生的滞后时间;反应器 B2 填埋柱填埋气产甲烷量较 B1 低,但其填埋气可回收利用气体比例较高,质量较好。

表 2-7 各反应器产甲烷量对比

编号	$Q_{e,40}$/（L/kg）	$Q_{e,50}$/（L/kg）	Q_t/（L/kg）	$Q_{e,40}/Q_t$/%	$Q_{e,50}/Q_t$/%
C	0	0	0.038	0.00	0.00
B1	23.9	18.5	25.2	95.00	73.50
B2	15.8	15.5	16	98.60	97.00

2.4.4 混合反应器促进产甲烷机理分析

填埋垃圾层作为一个复杂非均相体系，其甲烷化进程实际上是填埋层内甲烷化区域不断扩大的过程，而不同性质渗滤液的回灌可以通过改变填埋环境条件对微生物活动产生影响，从而加速或者抑制甲烷化区域的扩大。生物产甲烷过程是水解酸化细菌和产甲烷菌两类微生物协同代谢的串联反应，各类微生物的代谢速率受垃圾组成、微生物数量以及环境条件等多种因素的影响。

在厌氧回灌条件下，餐厨垃圾中含有的大量易降解有机物有利于水解酸化微生物的代谢活动，从而导致填埋环境中有机酸含量迅速升高。高浓度有机酸一方面会引起液相 pH 的降低，形成酸性环境，抑制产甲烷微生物的活动和产甲烷区域的扩大；另一方面，在酸性条件下，大量以非离子形式存在的有机酸可进入微生物细胞，从而降低微生物细胞内 pH，使微生物不得不消耗部分能量以维持细胞内的酸碱平衡，从而延缓对垃圾的降解过程。

试验期间内，采用原液回灌的反应器 C 中渗滤液 pH 始终较低，垃圾层仍处于酸性环境，在渗滤液有机污染物始终较高的同时产甲烷量却很低，表明反应器中产甲烷过程受到抑制，导致有机物水解酸化产生的酸性物质无法被产甲烷菌利用；同时，由于蛋白质等含氮有机物的水解氨化形成大量氨氮，而厌氧条件下缺乏相应的降解途径，使渗滤液氨氮浓度逐渐积累至很高浓度。

渗滤液经好氧预处理后（反应器 B1）有机酸浓度和氨氮浓度降低，pH 升高，填埋初期将此渗滤液回灌至填埋垃圾层，能够对层内的酸性环境起到一定的稀释作用，从上至下逐渐创造有利于产甲烷菌活动的环境条件，从而加速垃圾层进入稳定产甲烷阶段。何品晶等采用稀释模型解释渗滤液预处理对垃圾层产甲烷的影响，如图 2-14 所示。当回灌渗滤液 VFA 浓度高于抑制浓度时，整个填埋柱的甲烷化代谢将处在受抑制状态，当回灌渗滤液浓度小于抑制浓度，如图 2-14（a）中

C_1、C_2所示，垃圾层上层的高浓度有机酸将会因较低浓度渗滤液的回灌而被稀释至小于抑制浓度的水平，从而解除 VFA 浓度对上层部分垃圾的抑制，而随着渗滤液在垃圾层中的流动，其 VFA 浓度将逐渐升高至抑制浓度，因此下层部分仍将处于抑制状态。当回灌渗滤液 VFA 浓度小至一定水平，如图 2-14（a）中 C_3、C_4 时，整个垃圾层都将受到回灌渗滤液稀释作用的影响，从而解除 VFA 浓度对整个垃圾层的抑制作用。图 2-14（b）反映了垃圾层状态随时间的变化。在回灌渗滤液 VFA 浓度低于抑制浓度的条件下，随着时间的延长，垃圾层甲烷化代谢区域不断由上至下而扩大，t_3 时刻之前，由于垃圾层下部仍然处在酸化抑制状态，因此渗滤液 pH 仍处于较低水平。当到达 t_3 时刻时，整个填埋柱都将处于甲烷化代谢状态，渗滤液 pH 将可反映甲烷化代谢的 pH，这也就解释了反应器 B1 渗滤液 pH 在 150d 时的快速升高。

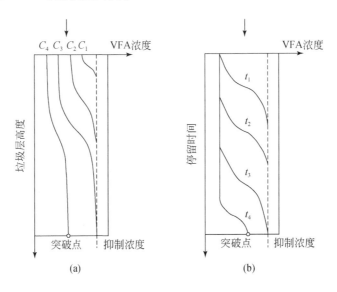

图 2-14　稀释模型

但渗滤液好氧预处理会消耗一定量的有机物，从而影响产甲烷速率和产气总量。当填埋层进入稳定产甲烷阶段后（以填埋气中甲烷浓度达到 50% 为标志），垃圾层内（上层）产甲烷菌成为主要优势种群之一，能够抵御一定程度的酸性渗滤液回灌的冲击，有机酸继续被产甲烷微生物利用转变为甲烷，同时，降低渗滤液的 VFA 浓度，提高其 pH，使其在流经下层区域时再次对下层垃圾层的酸性物质起到稀释作用。因此反应器 B1 在后期停止渗滤液预处理转为原液直接回灌后，渗滤液 COD 继续降低，pH 逐渐升高至中性偏碱性。但是由于厌氧环境下缺乏氨氮的降解途径，使渗滤液氨氮浓度有所升高。此外，渗滤液直接回灌减少了有机物质的外部消耗，有利于提高产甲烷速率和产气总量，因此出现了第二个产甲烷高峰。

反应器 B2 渗滤液 pH 在 72d 时回升至中性偏碱性；转为厌氧反应器运行后，甲烷浓度和产甲烷速率迅速提高，表明整个填埋层已建立了适宜产甲烷微生物活动的环境。垃圾层上层通风曝气能够加强上层好氧微生物活动，从而使回灌渗滤液在流经上层垃圾时加速渗滤液中有机污染物降解速度，降低其有机酸浓度，提高渗滤液 pH。随着渗滤液的向下流动，有机酸浓度逐渐降低至抑制浓度以下，在流经下层厌氧垃圾层时，对下层的酸性环境起到稀释作用，使下层厌氧垃圾层上部转变为适宜产甲烷微生物活动的中性环境。随着回灌的进行，回灌渗滤液 VFA 浓度逐渐降低，上层垃圾层对渗滤液 VFA 去除能力逐渐增强，使得流经下层厌氧垃圾层的渗滤液 VFA 浓度逐渐减小，对下层的酸性环境的稀释作用逐渐加强，适宜产甲烷微生物活动的区域逐渐自上而下扩展；当下层厌氧层已全部转变为适宜产甲烷微生物活动的中性—偏碱性环境，此时停止上层的曝气，转变为厌氧反应器运行，从而实现对填埋气的收集利用。

在前期曝气通风过程中，部分有机物经好氧降解转变为二氧化碳和水等产物，对其最终产甲烷总量产生了影响，如何减少有机质损失以提高总产气量有待进一步研究。

2.5　本章小结

生物反应器填埋技术通过渗滤液回灌提高了垃圾降解速度、填埋场处理能力和产气量，通过不同程度的空气注入将厌氧生物反应器发展为好氧和厌氧–好氧混合式生物反应器，进一步加速垃圾降解和稳定化，净化渗滤液，并促进甲烷化。针对我国城市生活垃圾餐厨垃圾含量高导致垃圾稳定化进程缓慢、渗滤液有机负荷及氨氮易积累的特点，为加速垃圾降解并实现渗滤液原位处理，采用曝气混合式反应器填埋方式，通过与常规厌氧生物反应器的对比发现，采用曝气混合式生物反应器可缓解填埋初期酸积累现象，减轻 pH 过低对微生物的抑制作用，有效降低渗滤液中有机污染物及氨氮浓度，加速垃圾降解，缩短垃圾层稳定所需时间加速垃圾甲烷化过程；在曝气混合式生物反应器填埋方式下，渗滤液有机负荷浓度显著降低，不仅能减轻后续渗滤液处理负担，且能减少长期运行管理成本。

参 考 文 献

何若, 沈东升, 戴海广, 等. 2006. 生物反应器填埋场系统中城市生活垃圾原位脱氮研究 [J]. 环境科学, 27 (3): 3604-3608.

蒋建国, 邓舟, 杨国栋, 等. 2005. 生物反应器填埋场技术发展现状及研究前景 [J]. 环境污染与防治, 27 (2): 122-126.

李启彬, 刘丹. 2007. 渗滤液回灌频率对生物反应器填埋场的影响研究 [J]. 环境工程学报, 1 (10): 32-36.

刘丹, 李启彬. 2005. 垃圾渗滤液处理的新思路——生物反应器填埋场技术的应用 [J]. 西南交通大学学报, 40 (6): 769-773.

马泽宇. 2013. 垃圾生物反应器渗滤液原位处理与垃圾甲烷化代谢研究 [D]. 北京: 北京大学硕士学位论文.

马泽宇, 金潇, Jae Hac Ko, 等. 2013. 好氧生物反应器加速渗滤液及垃圾稳定进程研究 [J]. 环境科学与技术, 36 (10): 90-94.

邵立明, 何品晶, 瞿贤. 2006. 回灌渗滤液 pH 和 VFA 浓度对填埋层初期甲烷化的影响 [J]. 环境科学学报, 26 (9): 1451-1457.

杨渤京, 王洪涛, 陆文静等. 2008. A-O 脱氮型生物反应器填埋技术试验研究 [J]. 北京大学学报 (自然科学版), 44 (6): 953-957.

Berge N D, Reinhart D R, Dietz J, et al. 2006. In situ ammonia removal in bioreactor landfill leachate [J]. Waste Management, 26 (4): 334-343.

He P J, Shao L M, Li G J. 2008. In situ nitrogen removal from leachate by bioreactor landfill with limited aeration [J]. Waste Management, 28 (6): 1000-1007.

He R, Liu X, Zhang Z, et al. 2007. Characteristics of the bioreactor landfill system using an anaerobic- aerobic process for nitrogen removal [J]. Bioresource Technology, 98 (13): 2526-2532.

Ko J H, Ma Z, Jin X, et al. 2016. Effects of aeration frequency on leachate quality and waste in simulated hybrid bioreactor landfills [J]. Journal of the Air & Waste Management Association, 66 (12): 1245-1256.

Powell J, Jain P, Kim H D, et al. 2006. Changes in landfill gas quality as a result of controlled air injection [J]. Environmental Science & Technology, 40 (3): 1029-1034.

Read A D, Hudgins M, Phillips P. 2001. Perpetual landfilling through aeration of the waste mass: lessons from test cells in Georgia (USA) [J]. Waste Management, 21 (7): 617-629.

Reinhart D R, McCreanor P T, Townsend T G. 2002. The bioreactor landfill: its status and future [J]. Waste Management & Research, 20 (2): 172-186.

Reinhart D R, Townsend T G. 1998. Landfill bioreactor design and operation ［M］. Boca Raton: CRC Press.

Sang N N, Soda S, Inoue D, et al. 2009. Effects of intermittent and continuous aeration on accelerative stabilization and microbial population dynamics in landfill bioreactors ［J］. Journal of Bioscience and Bioengineering, 108 (4): 336-343.

Xu Q, Jin X, Ma Z, et al. 2014. Methane production in simulated hybrid bioreactor landfill ［J］. Bioresource Technology, 168 (9): 92-96.

第3章 混合式生物反应器曝气工艺优化

第2章阐述了曝气混合式生物反应器在有效缓解填埋初期酸积累现象，减轻pH过低对微生物的抑制，降低渗滤液中有机污染物及氨氮浓度，加速垃圾甲烷化过程从而提高填埋气回收效率等方面的作用。本章以曝气混合式生物反应器为基础，重点探究好氧处理阶段不同曝气频率对填埋柱渗滤液性质和后期产甲烷性能的影响，分析曝气频率对反应器运行效果的影响实质；并对不同曝气模式（恒定频率曝气方式和阶梯式降频曝气方式）下生物反应器渗滤液处理效果和甲烷回收效率进行对比研究，合理优化曝气条件。

3.1 曝气频率对生物反应器性能的影响

本节以混合式生物反应器为依托，针对曝气频率进行探究，综合渗滤液水质、填埋气回收效果和垃圾降解速度等，为生物反应器运行过程提出较优的曝气频率设计。

3.1.1 曝气频率设计

曝气混合式生物反应器设计如第2章图2-2所示。共设计3个模拟填埋柱，编号为A1、C1和C2，其中A1为厌氧生物反应器，用作对照；C1、C2为曝气混合式生物反应器。反应器由有机玻璃制成，反应器顶部设置渗滤液回灌和气体收集口，反应器底部设计渗滤液收集口用于渗滤液的收集和采样，回流渗滤液通过内设布水板得到均匀分散。对于曝气混合式填埋柱而言，顶部另设置曝气口。外连曝气泵将压缩气体通过曝气管输送进反应器内，通过5cm厚砾石层进行分散后对上层垃圾进行均匀曝气。每个反应器内填埋垃圾4.0kg，填埋高度为40cm，填埋密度为570kg/m³。实验过程中，反应器通过保温棉和加热带等温控系统保持反应柱内温度恒定在30±2℃。

曝气混合式生物反应器利用压缩泵进行间歇曝气处理，曝气速率 250mL/min，每次曝气时长为 2h。其中 C1 曝气频率为每天 2 次，C2 为每天 4 次。待渗滤液 pH 升高到 7 以后，停止曝气处理，反应器转变成厌氧生物反应器继续运行，进入甲烷回收阶段。C1 曝气时长为 75d，C2 曝气时长为 60d，厌氧生物反应器填埋场 A1 则从始至终保持厌氧操作条件，不进行曝气处理。实验总周期为 300d，反应器运行过程中，渗滤液每次回灌 250mL，回灌频率根据垃圾降解情况实施调整。C1 填埋柱在曝气阶段停止的同时停止回灌操作，C2 填埋柱则在停止曝气后仍进行为期 2 个星期的渗滤液回灌操作，之后停止回灌，同 C1 反应器操作条件保持一致。作为对照，厌氧生物反应器 A1 保持相同渗滤液操作。直至填埋的 115d，3 个反应器再次恢复渗滤液回灌，回灌量保持不变（表 3-1）。

表 3-1　反应器运行参数的设计

反应器	曝气条件	回灌条件
A1	无	0~75d 和 116~300d（1~3 次/d，250mL/次）；76~115d，无渗滤液回灌操作
C1	0~75d（曝气 2 次/d，2h/次，250mL/min）；	
	76~300d，无曝气操作	
C2	0~60d（曝气 4 次/d，2h/次，250mL/min）；	
	61~300d，无曝气操作	

3.1.2　曝气频率对产气性能的影响

填埋柱内垃圾产甲烷浓度、日产甲烷量和累积产气量情况如图 3-1 所示。厌氧生物反应器 A1 由于受酸抑制影响，填埋过程中共产气 35 985mL，主要成分为 CO_2，基本无甲烷气体产生。

曝气混合式生物反应器通过曝气改善了填埋柱内环境，待渗滤液 pH 达到 7.0 以上停止曝气后，反应器内生物气迅速产生，甲烷日浓度增长速率最高达到 8%，填埋 100d 时即达到 50% 以上，随后维持在 60% 的高浓度水平。曝气混合式生物反应器在停止曝气后，日产甲烷量也迅速增加。比较不同曝气频率对甲烷产气的影响可以发现，反应器 C1 内，甲烷日产量维持相对稳定，在 350 ~ 500mL／（d·kg$_{vs}$）①范围内维持了 200d 左右，最大日产量为 574mL／（d·kg$_{vs}$），相当于 210mL／（d·kg）干垃圾。

曝气频率较大的 C2 反应器甲烷日产量在经历迅速增加阶段后快速下降，仅维持在 350 ~ 500mL／（d·kg$_{vs}$）的日产量范围内 56 天，但其最大甲烷日产量高于 C1，为 680mL／（d·kg$_{vs}$），相当于 225mL／（d·kg）干垃圾。在好氧阶段，C2 反应器内过度曝气在消耗糖分和蛋白质的同时，也降解了部分纤维素。因此，厌氧阶段垃圾中纤维素含量不足，无法提供足量碳源以维持高日产量的甲烷化过程的进行，反应器日产甲烷量表现出短暂的上升阶段后即进入迅速下降阶段。

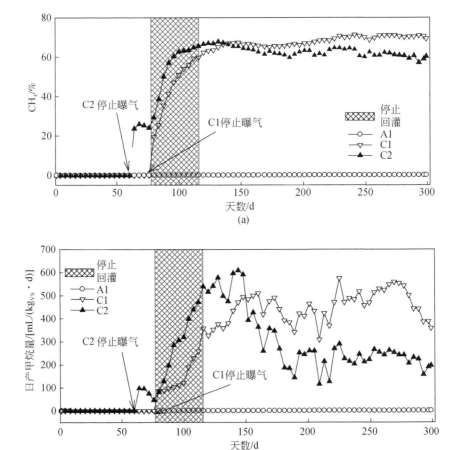

① VS 指挥发性固体，下同。

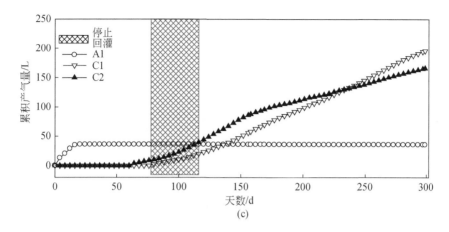

图 3-1 生物反应器产气情况对比

在 300d 内, C1、C2 反应器累积产甲烷总产量为 133.4L/kg$_{vs}$ (85L/kg 干垃圾) 和 113.2L/kg$_{vs}$ (72L/kg 干垃圾), 其中 C1 比 C2 多产气 30L, 并且这种趋势随着填埋时间的延长越来越明显, 表明反应器 C1 内参与甲烷化过程消耗的有机物量远大于 C2 反应器。总结比较国内外研究结果, 甲烷累积产量浮动于 20 ~ 110L/kg 干垃圾, 与本实验产气结果相当, 具体差距则主要体现在垃圾组成和反应器运行操作, 具体如表 3-2 所示。

表 3-2 生物反应器产甲烷能力比较

垃圾类型	处理方式	甲烷累积产量
餐厨垃圾：办公纸类（比例 2.4：1）	好氧预处理 90d 与 45d	28L/kg 干垃圾
		58L/kg 干垃圾
具有 30a 填埋龄的填埋场内部分降解的垃圾	过氧化氢	39.4L/kg 干垃圾
有机垃圾	碱性物质的添加	19 ~ 23L/kg 湿垃圾
有机垃圾	好氧预处理	30 ~ 60L/kg 湿垃圾
城市生活垃圾（除大体积及可回收垃圾成分）	渗滤液回灌以及水分补充	54.9L/kg 干垃圾
60% 有机组分, 20% 纸类, 15% 塑料和 5% 织物	渗滤液回灌和污泥添加	47.5 ~ 84.7L/kg 干垃圾

垃圾类型	处理方式	甲烷累积产量
上海市垃圾组成	渗滤液预处理	20～37L/kg 干垃圾
69% 有机组分，7% 纸类，8% 织物，7% 塑料，1% 金属，7% 砾石和 1% 玻璃	渗滤液回灌以及接种厌氧污泥	132L/kg$_{vs}$
好氧堆肥处理的垃圾	好氧预处理	110L/kg 干垃圾
深圳市垃圾组成	曝气混合式反应器	133.4L/kg$_{vs}$ 113.2L/kg$_{vs}$ 85L/kg 干垃圾 72L/kg 干垃圾

3.1.3　渗滤液回灌操作工艺优化

一般情况下渗滤液回灌可提高垃圾层湿度，加速垃圾降解和增加生物气产量。然而，实验中曝气混合式生物反应器甲烷化初始阶段和厌氧生物反应器内均观察到渗滤液回灌对甲烷产生能力的抑制现象。如图 3-1 所示，由于渗滤液回灌，停止曝气后 C2 反应器内日产甲烷量从 64d 时的 98mL/（d·kg$_{vs}$）下降到 76d 时的 47mL/（d·kg$_{vs}$），甲烷浓度维持在 24% 左右停止继续上升，甲烷化阶段进入停滞期。而 A1 反应器由于受酸抑制影响，从始至终未观察到甲烷气体的产生。这主要与餐厨垃圾比例较大（55%）有关，餐厨垃圾内多数成分为极易降解的米饭等组分，因此水解酸化阶段可以快速进行，反应器内渗滤液在短时间内表现出比其他实验更低的 pH 和更高的 VFA 浓度，严重抑制生物反应器内部产甲烷菌的生存代谢。混合生物反应器虽然利用曝气预处理缓解了这一过程，但停止曝气初期，垃圾内消耗 VFA 量小于 VFA 产生量，对应 C2 反应器内 pH 降低到 6.3。

基于上述现象，C1 反应器在 75d 停止曝气后也停止了渗滤液回灌操作。结果显示甲烷气体持续增加并未发现停滞增长阶段，尽管渗滤液内 VFA 浓度也存在一定程度的上升（13 700mg/L）。至填埋 115d 时，C1 反应器内日产甲烷量达到 357mL/（d·kg$_{vs}$），甲烷浓度超过 65%。而 C2 反应器从 115d 起停止回灌后，12d 内甲烷浓度也迅速回升。这个现象可以用甲烷化区域扩展理论来进行解释，如图 3-2，表示甲烷化区域的 1 维扩展模型。垃圾中每一小块初始甲烷化区域可作为反应器内产甲烷的中心和基础，区域的扩展和收缩受 VFA 引入量和消耗量之间的平衡影响，可以用公式（3-1）表示。

$$J_\Theta + \int_\Theta^1 R_H(X,\ Y,\ Z,\ t)\mathrm{d}V < \int_\Theta^1 R_M(X,\ Y,\ Z,\ t)\mathrm{d}V \qquad (3\text{-}1)$$

式中，R_H 代表区域内部水解酸化产生 VFA 的速率；R_M 表示 VFA 的消耗速率；J_Θ 为周围区域扩散或者对流进入此甲烷化区域的 VFA 总量；V 为甲烷化区域的面积大小；X、Y、Z 则为三维坐标方向；t 为反应时间。

如果区域内 VFA 浓度出现净增长，则甲烷化区域将会逐渐缩小，反之越来越大。因此，为实现 VFA 量的平衡，甲烷化区域内产甲烷菌越多，区域扩展越快。当垃圾初始水解酸化速率超过一定值，会抑制甲烷化过程的启动，并反过来再次对水解过程产生抑制作用。

经过 116d 填埋处理，反应器 C1、C2 内渗滤液 pH 逐渐回复到 7.0 以上，因此 115d 后重新开始渗滤液回灌操作，为上层甲烷化区域提供有机物，并带动甲烷化区域在下层降解程度较低区域的扩展。实验结果表明，渗滤液恢复回灌后，反应器内 pH 保持稳定，填埋柱产气能力出现一段时间的上升。

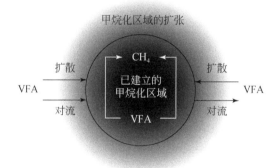

图 3-2　甲烷化区域的扩张理论模型

3.1.4　渗滤液性质变化

（1）pH

pH 是渗滤液性质的重要表征之一，间接显示填埋过程中垃圾的降解情况和渗滤液水质。图 3-3 显示了 pH 随填埋过程的变化趋势。垃圾填埋初期，受有机质快速水解酸化的影响，渗滤液 pH 迅速降低，由初始值 5.2 经过一周降低到

3.7 左右。随后逐渐回升至 5.0 以上，各反应器 pH 变化开始出现较大差别。其中，厌氧生物反应器 A1 内 pH 值上升速度相对缓慢，至实验结束仍维持在 5.25 左右，渗滤液处于酸性环境。与之相对应，A1 反应器内填埋垃圾出现"青贮"状态，降解速度非常缓慢。好氧条件的引入则提高了反应器 C1、C2 内渗滤液 pH 的恢复速度，增强了垃圾缓冲能力。C1、C2 分别在 75d 和 60d pH 达到 7 以上，反应器先后转入厌氧条件下继续运行。停止曝气后，曝气混合式生物反应器内渗滤液 pH 出现略微下降，后逐渐恢复，至填埋 110d 达到 7.0 以上保持相对稳定。至 300d 实验结束，混合式生物反应器内渗滤液 pH 一直维持在 7.4 ~ 7.8，为产甲烷细菌的生存提供适宜环境。

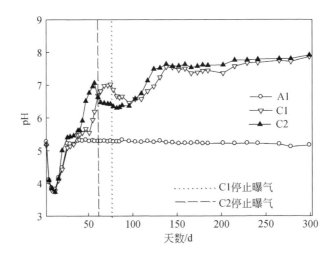

图 3-3　pH 随填埋过程的变化趋势

（2）VFA

与 pH 变化相同，渗滤液 VFA 在填埋初始阶段迅速累积，20d 时达到 20 000mg/L 以上（图 3-4）。厌氧生物反应器 A1 内由于缺乏 VFA 利用途径，微生物受到酸抑制活性降低，因此 VFA 浓度逐渐累积。至运行结束，VFA 浓度达到 30 000mg/L 以上。高浓度 VFA 的累积反过来又加剧对微生物活性的抑制作用。曝气混合式生物反应器填埋场则受好氧环境影响，好氧代谢降低了 VFA 累积，加速垃圾降解，垃圾水解酸化和甲烷化过程得到平衡。填埋 20d 达到 VFA 累积最大值 20 000mg/L 后浓度快速降低，特别是曝气频率较大的 C2，VFA 浓度始终处于最低状态。至曝气结束时，曝气式生物反应器填埋柱内渗滤液 VFA 浓度已低于 10 000mg/L，挥发性有机酸去除幅度达到 50% 以上。

对应于 pH 在曝气停止初期的下降现象，生物反应器内 VFA 也出现一定程度的回升，但随后产甲烷菌对 VFA 的利用使其再次降低。VFA 浓度在曝气停止阶段后的回升是由于新建立的上层产甲烷范围较小，产甲烷细菌含量尚且不足，下层垃圾降解产生的高浓度 VFA 通过渗滤液回灌提供到上层已形成的产甲烷垃圾中，由于 VFA 消耗利用量小于供给量，无法被完全利用，导致 VFA 在上层甲烷化环境中的逐渐累积，抑制产甲烷细菌的活动和扩展，对已形成的甲烷化环境产生破坏作用，反过来又降低 VFA 的消耗利用，最终导致渗滤液 pH 逐渐下降。在填埋第 97d 时 C1、C2 反应器内渗滤液 pH 分别下降到 6.46 和 6.36。此后，随着填埋过程中上层甲烷化环境的稳定与扩大，VFA 浓度逐渐下降至低于毒害水平，渗滤液 pH 开始慢慢回升至 7.0 以上。到反应器运行结束时，上层曝气式生物反应器填埋柱内渗滤液 VFA 浓度已经下降到 2000mg/L 以下。

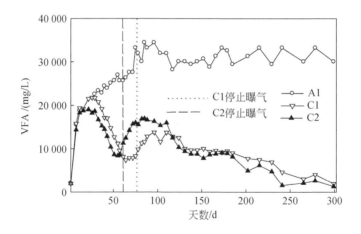

图 3-4　VFA 浓度随填埋过程的变化趋势

（3）COD

填埋过程中 COD 的变化趋势与 VFA 相似（图 3-5），由于大量大分子有机物的水解酸化，在填埋开始阶段，COD 浓度最高达到 80 000mg/L 以上。曝气环境将 C1、C2 反应器内渗滤液 COD 浓度逐渐降低至 30 000mg/L 左右，而厌氧生物反应器在填埋过程中始终保持在 70 000～80 000mg/L 的较高水平。相比于 COD 初始浓度，曝气式生物反应器 C1、C2 内 COD 去除效率达到 91% 左右，这表明前期的曝气处理对渗滤液水质的提高起到了较大的作用。

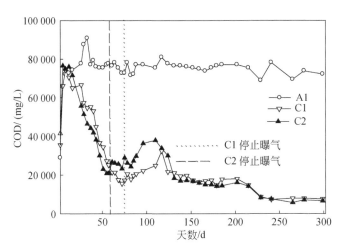

图 3-5　COD 浓度随填埋过程的变化趋势

反应器渗滤液 BOD_5/COD 的变化见表 3-3。随着填埋时间的延长，渗滤液 BOD_5/COD 在经过初始上升阶段后逐渐下降，其中厌氧生物反应器 BOD_5/COD 高于好氧预处理反应器 C1 和 C2。至实验结束，A1 内 BOD_5/COD 高达 0.8，而 C1 和 C2 则分别下降至 0.57 和 0.31。

表 3-3　反应器渗滤液 BOD_5/COD 的变化

反应器	第 5 天	第 12 天	第 117 天	第 173 天	第 299 天
A1	0.59	0.73	0.35	0.69	0.80
C1	0.76	0.83	0.28	0.49	0.57
C2	0.48	0.65	0.31	0.49	0.31

3.1.5　垃圾沉降性能和垃圾降解程度

沉降比是表征填埋场垃圾稳定化的重要指标之一。图 3-6 表示随着填埋时间的延长，反应器垃圾沉降比的变化情况。如图可知，填埋初始阶段一个星期内，3 个反应器均观察到 5% ~ 8% 的沉降比，这主要归结于垃圾自身重力的压实作用。随后，反应器运行过程中，垃圾沉降比逐渐增大，其中曝气频率最高的 C2

观察到最大的沉降幅度。实验结束时，反应器 A1，C1 和 C2 沉降比分别为 10%，15% 和 22%。

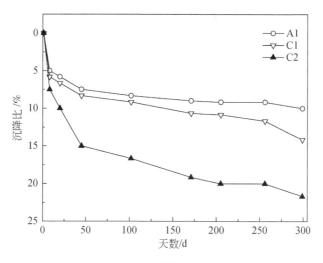

图 3-6 沉降比随填埋时间的变化

反应器 300d 运行结束后，拆除所有反应器并取样分析 VS 的变化。保温棉去除后，观察发现曝气处理后的 C1、C2 反应器内垃圾变为黑色，而厌氧生物反应器 A1 内仍保持填埋初垃圾颜色，变化很小（图 3-7）。VS 结果显示经过 300d

图 3-7 反应器结束实物照

填埋处理后，反应器 A1、C1、C2 内 VS 值从初始的 63.87% 分别下降到 59%、29%（C1 上层垃圾）、33%（C1 下层垃圾）、15%（C2 上层垃圾）和 36%（C2 下层垃圾）。A1 反应器内垃圾降解程度较小，好氧曝气提高了垃圾降解程度，特别是上层垃圾矿化现象较好。曝气频率越高，上层垃圾的降解程度越大。

3.1.6　氧气利用率

在填埋初期 2～19d，对反应器内氧气利用量和利用率进行了监测，探讨不同曝气频率对垃圾降解程度影响。氧气利用总量和氧气利用率（OUR）的计算公式如下：

$$氧气利用总量　[L/(d \cdot kg_{vs})] = \frac{(C_{air} - C_{outlet}) \times Q_{air}}{total_{vs}} \quad (3\text{-}2)$$

$$氧气利用率（OUR）= \frac{C_{air} - C_{outlet}}{t} \times 100 \quad (3\text{-}3)$$

式中，C_{air} and C_{outlet} 分别代表环境空气和采样口处 O_2 浓度的含量，单位为%；Q_{air} 为日供气量，单位为 L/d；t 为反应时间。

曝气开始阶段，C2 反应器内氧气利用量为 14L/（d·kg$_{vs}$），为同一时期反应器 C1 消耗量的 2 倍左右，但 OUR 相似（图 3-8）。曝气阶段前 12d 内，C1、C2 反应器内 OUR 均保持在 8.5%/h～9.5%/h 范围内，并未受到不同曝气频率的影响。这说明在 250mL/min［170mL/（min·kg$_{vs}$）］的曝气速率下，新鲜垃圾具有相似的氧气利用能力。然而，随着曝气时间的延长，垃圾逐渐老化，C1 反应器内 OUR 出现小幅降低，填埋 19d 时 OUR 下降到 8.1%/h，同一时期氧气消耗量为 6.6L/（d·kg$_{vs}$）。C2 反应器内 OUR 则从 9.5%/h 下降到 5.8%/h，氧气消耗量也减少了 35.5%，下降幅度远大于曝气频率较小的 C1 反应器。C2 反应器内氧气消耗量的大幅下降主要归结于垃圾的较大降解程度，但好氧过度则会消耗底物而减低产气量。因此，为实现垃圾快速降解和累积甲烷回收量的提高，需要对曝气条件进行优化。

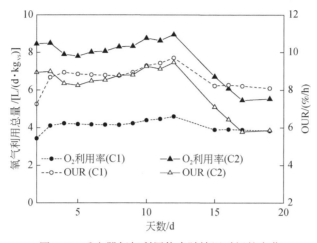

图 3-8 反应器氧气利用能力随填埋时间的变化

3.2 阶梯式曝气模式对生物反应器填埋性能的影响

前期研究结果表明，曝气频率过大，有机质好氧损失严重，累积甲烷回收量减少；而且随着曝气过程的延续，垃圾对氧气利用率逐渐降低，因此在曝气混合式生物反应器基础之上，设计了阶梯式曝气模式，探讨频率逐渐降低的阶梯式曝气模式对生物反应器内垃圾降解和甲烷回收影响。

3.2.1 曝气模式设计

共设计 4 个模拟填埋柱：B1，D1，D2 和 D3，其中 D1、D2 和 D3 为曝气混合式生物反应器，B1 为厌氧生物反应器，用作对照。反应器设计思路和前面曝气混合式生物反应器一致。每个填埋柱内共装填垃圾 2kg，填埋密度为 640kg/m³，填埋垃圾挥发性固体含量为 70.07%，初始含水率为 44%。填埋前各反应器内添加 800mL 去离子水，以调节填埋垃圾含水率至 53%，并用于初期渗滤液的产生。

反应器共连续运行 130d，通过保温棉及加热带等温控装置维持柱温稳定在 30±2℃。在 0～50d 和 84～130d 内，反应器内渗滤液每天回灌 1 次，每次回灌 150mL。厌氧生物反应器 B1 运行过程中使用保持严格厌氧环境，曝气混合式生物反应器则采用不同曝气模式进行预处理，其中 D1、D2 选用恒定曝气频率，曝气频率分别为 1 次/d 和 4 次/d，D3 采用逐渐降低的阶梯式曝气模式，曝气频率由初始 4 次/d（0~10d）逐渐降低至 3 次/d（11~17d）和 2 次/d（18~50d）。D3 反应器内曝气频率的调整依据填埋柱排气口在曝气停止 30 分钟内氧气浓度的变化情况进行判定，如公式（3-4）所示：

$$氧气浓度的变化 = (X_1 - X_2) \qquad (3\text{-}4)$$

其中，X_1 和 X_2 为曝气刚停止和停止 30d 后出气口氧气浓度的大小，单位为 %。当相邻几天内氧气浓度的变化值超过 2% 时，曝气频率将进行一次下调，由 4 次/d 降为 3 次/d。依次类推，具体运行操作过程如表 3-4 所示。各反应器曝气时长统一设定为 50d，停止曝气后反应器转入厌氧环境继续进行。若填埋柱内垃圾产甲烷不能连续进行，则继续进行曝气处理，每曝气 7d 停止 2d 以观察反应器产甲烷情况，直至建立连续产甲烷环境为止。

表 3-4　模拟反应器运行参数

反应器	曝气频率		渗滤液回灌/（mL/d）		
	0~50d	51~130d	0~50d	51~83d	84~130d
B1	无	无	150	无	150
D1	1 次/d	若无持续产气，继续曝气一周，再次停止至无持续产气，直至可以持续产气，停止曝气	150	无	150
D2	4 次/d	无	150	无	150
D3	0~10d，4 次/d	无	150	无	150
	11~17d，3 次/d				
	18~50d，2 次/d				

3.2.2　曝气模式对甲烷化的影响

（1）甲烷浓度

填埋柱内垃圾产气情况如图 3-9 所示。受酸抑制影响的厌氧生物反应器 B1 在填埋过程中始终无甲烷气体产生。曝气频率较小的 D1 反应器则在 50 天停止曝气后，无甲烷气体产生，反应器随即开始按照曝气 7d 停止 2d 的曝气方式继续运行。结果显示，填埋 78d 时，D1 生物反应器内出现小体积甲烷组分，但垃圾产气较弱很快消失，反应器内垃圾预处理程度尚且不足，甲烷化区域无法稳定存在，极易受到周围酸化区域侵蚀影响而破坏掉。填埋至 124d，D1 反应器内持续产甲烷环境建立，甲烷浓度开始逐步升高，反应器进入稳定甲烷化阶段。好氧生物反应器 D2、D3 在停止曝气后，甲烷浓度迅速上升，分别在 7d 和 3d 内上升到 60% 以上后维持相对稳定，特别是 D3 反应器表现出从好氧阶段到厌氧甲烷化阶段更快的转换速率。

填埋 84d，D2、D3 反应器内渗滤液 pH 达到 7.0 以上，渗滤液恢复回灌操作。而回灌导致 D3 反应器内甲烷浓度从 67.71% 下降到 57.31%（94d），后在自身调节能力作用下才逐渐恢复。D2 填埋柱内甲烷浓度则受渗滤液回灌影响较小，甲烷产生状态稳定。结果表明，大频率曝气对于建立稳定的甲烷化环境更加有利。

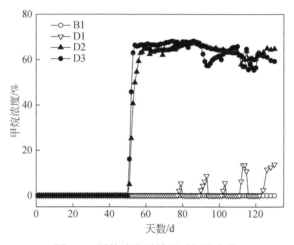

图 3-9　甲烷浓度随填埋时间的变化

（2）日产气量及甲烷量

图 3-10 展示了日产甲烷量随填埋时间的变化。整个填埋过程中，厌氧生物反应器 B1 在填埋 70～84d 时出现产气现象，对应此阶段反应器内停止渗滤液回灌。而随着 84d 后渗滤液回灌操作的恢复，B1 再次停止产气，这一现象再次证明了酸化期间渗滤液回灌有抑制作用。

曝气混合式生物反应器在停止曝气初期，D2、D3 出现日产气和日产甲烷量的快速增加阶段，同甲烷浓度变化趋势一致。采用阶梯式曝气模式的 D3 反应器，日产气量和日产甲烷量明显快于 D2 反应器，表现出从好氧到厌氧阶段较快的转化速度。以填埋第 54d 产气情况为例，D3 反应器日产甲烷量 710mL/（d·kg$_{vs}$），是同时期 D2 反应器的 2 倍以上。因为 D2 反应器内有较多体积的空气供应，因而受氧气影响的垃圾面积较大，在实验结束时 D2、D3 生物反应器内曝气频率分别为 4 次/d 和 2 次/d。D2 内受氧气影响的垃圾面积较大，因为氧气对产甲烷有一定的抑制作用，一旦停止曝气，D2 反应器垃圾内微生物需要较长时间来实现从好氧到厌氧状态的转化。因此，从反应器甲烷化启动角度来说，逐渐降低的阶梯式曝气模式更加有利。

但随着填埋过程的延续，D3 反应器内垃圾日产甲烷再次超越 D2，证明高频曝气条件使垃圾内有机质损失严重。渗滤液的回灌为 D3 提供了更多的有机质，D3 反应器内日产甲烷量在渗滤液回灌条件下分别提高 440mL/（d·kg$_{vs}$），而 D2 仅提高了 76mL/（d·kg$_{vs}$）。

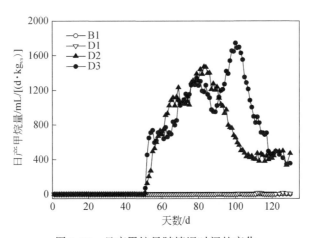

图 3-10　日产甲烷量随填埋时间的变化

（3）累积产甲烷情况

至反应器运行 130d 时，低频恒定曝气的填埋柱 D1，甲烷化过程刚刚起步，累积甲烷量尚且不足 1L。采用高频恒定曝气的模拟填埋柱 D2 和阶梯式变频曝气的模拟填埋柱 D3，分别累积产甲烷 48L［61L/（d·kg$_{vs}$）］和 59L［75L/（d·kg$_{vs}$）］（图 3-11）。结果证明阶梯式曝气模式对生物反应器的甲烷回收利用效果更加有利。

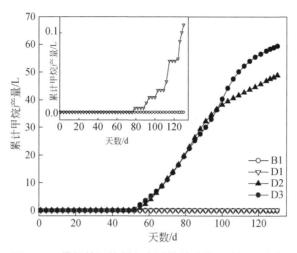

图 3-11　模拟填埋柱累积产甲烷量随填埋时间的变化

3.2.3　氧气利用率

图 3-12 显示了在曝气阶段，生物反应器 D1、D2、D3 内氧气浓度在停止曝气 30min 内的变化趋势。随着填埋时间的增加，氧气浓度的变化值先升高后逐渐减少。特别是恒定高频曝气模式下的生物反应器 D2，其 30min 内所测氧气浓度差均小于 D1、D3 反应器，表现出了较低的氧气利用率。至实验结束时，D2 反

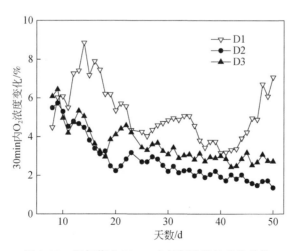

图 3-12　曝气停止 30min 内氧气浓度的变化趋势

应器在停止曝气 30min 内仅能消耗 1.36% 的氧气，而 D1 和 D3 仍能保持在 7.07% 和 2.72%。到了曝气后期，D2、D3 反应器内氧气利用率较低，大多数氧气没有经过垃圾利用直接从出气口排出，经济性较差。

反应器 D3 在氧气浓度每降低 2% 后进行一次曝气频率的下调，结果显示氧气利用效率会随着曝气频率的调整出现短期提高趋势，随后随垃圾老化程度增加再次下降。因此，为提高反应器氧气利用率和经济性能，可采用更加细化的阶梯式曝气模式。

3.3　本章小结

针对我国城市生活垃圾中餐厨垃圾含量高导致垃圾稳定化进程缓慢、渗滤液有机负荷及氨氮易积累的特点，基于曝气混合式生物反应器填埋技术，对曝气频率和曝气模式等进行了工艺优化和分析。采用上层间歇曝气的曝气混合生物反应器可有效解决填埋初期酸积累现象，迅速恢复填埋垃圾层至中性偏碱性的环境，促进微生物的新陈代谢，渗滤液有机负荷浓度显著降低。曝气混合生物反应器填埋在加速甲烷化代谢方面效果显著。借助上层好氧垃圾层对渗滤液中酸性物质的快速降解，下部厌氧垃圾层酸化阶段显著缩短，产甲烷阶段显著提前，产气较为集中。曝气频率对生物反应器的影响主要体现在垃圾降解速度、降解程度、渗滤液性质和甲烷化过程。曝气频率较大，垃圾预处理时间短，甲烷化过程启动快速，最终渗滤液可生化性能较低，填埋垃圾降解程度高，填埋柱沉降性能较好，初期垃圾沉降速率和最终沉降比提高，从而提高填埋场有效库容。但如果曝气频率过大，有机质好氧损失严重，累积甲烷回收量减少，随着曝气过程的延续，垃圾对氧气利用率逐渐降低。降低曝气频率则会延长甲烷化启动时间，但甲烷回收效率提高。相比恒定曝气模式，阶梯式变频曝气更有利于垃圾降解和甲烷回收，可提高填埋柱内垃圾氧气利用能力，驯化微生物从好氧条件到厌氧环境进行快速转化。实际运用中，应采用细化的阶梯式曝气模式。

参 考 文 献

邓舟，蒋建国，黄中林，等．2006. 渗滤液回灌对其最终处理的影响中试研究［J］. 环境科学，27（6）：1240-1243.

刘疆鹰，徐迪民，赵由才，等．2001. 大型垃圾填埋场渗滤水氨氮衰减规律［J］. 环境科学学报，21（3）：323-327.

欧阳峰，李启彬，刘丹. 2003. 生物反应器填埋场渗滤液回灌影响特性研究［J］. 环境科学研究，16（5）：52-54.

邵立明，何品晶，瞿贤. 2006. 回灌渗滤液 pH 和 VFA 浓度对填埋层初期甲烷化的影响［J］. 环境科学学报，26（9）：1451-1457.

田颖. 2015. 上层曝气式生物反应器填埋场曝气条件的优化研究［D］. 北京：北京大学硕士学位论文.

田颖，徐期勇. 2014. 生物反应器填埋场原位脱氮技术分析［J］. 环境卫生工程，22（1）：1-4.

田颖，王珅，徐期勇. 2014. 上层曝气式生物反应器填埋工艺特性的研究［J］. 环境科学，35（11）：4365-4370.

席北斗，苏婧，刘鸿亮. 2008. 回灌型准好氧填埋场脱氮特性及加速稳定化研究［J］. 环境工程学报，2（2）：253-259.

于晓华，何品晶，邵立明，等. 2004. 填埋层空气状况对渗滤液中氮成分变化的影响［J］. 同济大学学报（自然科学版），32（6）：741-744.

张晓星，何品晶，邵立明，等. 2004. 不同渗滤液循环方式对填埋层甲烷产生的影响［J］. 环境科学学报，24（2）：304-308.

Aguilar A, Casas C, Lema J M. 1995. Degradation of volatile fatty acids by differently enriched methanogenic cultures：kinetics and inhibition［J］. Water Research，29（2）：505-509.

Read A D, Hudgins M, Harper S, et al. 2001. The successful demonstration of aerobic landfilling：The potential for a more sustainable solid waste management approach?［J］. Resources, Conservation and Recycling，32（2）：115-146.

Vavilin V A, Rytov S V, Lokshina L Y, et al. 2003. Distributed model of solid waste anaerobic digestion：effects of leachate recirculation and pH adjustment［J］. Biotechnology and Bioengineering，81（1）：66-73.

Vavilin V A, Rytov S, Pavlostathis S, et al. 2003. A distributed model of solid waste anaerobic digestion：sensitivity analysis［J］. Water Science & Technology，48（4）：147-154.

Xu Q Y, Jin X, Ma Z Y, et al. 2014. Methane production in simulated hybrid bioreactor landfill［J］. Bioresource Technology，168：92-96.

Xu Q Y, Tian Y, Kim H, et al. 2016. Comparison of biogas recovery from MSW using different aerobic-anaerobic operation modes［J］. Waste Management，56：190-195.

Xu Q Y, Tian Y, Wang S, et al. 2015. A comparative study of leachate quality and biogas generation in simulated anaerobic and hybrid bioreactors［J］. Waste Management，41：94-100.

第4章　压实对填埋场垃圾甲烷化的影响

生活垃圾填入填埋场后，就开始发生一系列复杂的生物降解过程，将废物中的有机物缓慢地分解为稳定的化合物。填埋垃圾的降解过程会受到反应环境条件和填埋场操作条件的影响。填埋场环境条件包括含水率、O_2、pH、温度等；而压实是垃圾填埋场操作中不可或缺的一个环节。压实对填埋垃圾产生的影响主要包括：①物理压缩，包括垃圾体的畸变、弯曲、破碎和重定向，与有机土的固结类似；②错动，垃圾体中的细颗粒向大孔隙或洞穴中运动；③物理化学变化，垃圾体降解作用引起的质变和体积减小；④生化分解，垃圾体因发酵、腐烂及需氧和厌氧作用引起的体积减小。通过这些过程，压实对填埋场垃圾稳定化过程中填埋气和渗滤液的产生和迁移都有重要影响。

本章从压实的角度探究合理的填埋操作工艺对生活垃圾降解过程中物化特征、甲烷化和渗滤液性质的影响。

4.1　填埋垃圾三相组成及沉降过程

生活垃圾的组成十分复杂，包含了金属、纸屑、餐厨废物、沙土等各种成分，在填埋的过程中，垃圾自身会产生渗滤液并与填埋气共同的存在于垃圾的孔隙中。如果按照物质所存在的形态划分，填埋垃圾是由固体（垃圾）、液体及气体三相组成的非均匀多孔介质。

如图 4-1（a）显示的就是自然条件下填埋场中城市固体废弃物（MSW）所处的状态，图 4-1（b）显示的是 MSW 三相组成。垃圾的总体积等于固液气三相体积之和：

$$V = V_气 + V_液 + V_固 \tag{4-1}$$

忽略气体的质量，垃圾的总质量由固体和液体组成：

$$W = W_固 + W_液 \tag{4-2}$$

垃圾中的孔隙主要由液体和气体所占据：

$$V_孔 = V_气 + V_液 \tag{4-3}$$

填埋垃圾在压力及有机物降解的影响下发生了很大的沉降，填埋垃圾体积变小，垃圾孔隙比会随之变化。孔隙比（e）定义为垃圾体中孔隙的体积与固体体积的比值，计算公式为

$$e = \frac{V_{孔}}{V_{固}} = \frac{G_s\ (1+\omega)\ \rho_w}{\rho} - 1 \tag{4-4}$$

其中，$V_{孔}$ 为垃圾体中孔隙的体积（包括液体的体积 $V_{液}$ 和空气占的体积 $V_{气}$）；$V_{固}$ 为垃圾体固体部分的体积；G_s 为垃圾比重；ω 为垃圾含水率，通过质量守恒计算得出；ρ_w 为 4℃水的密度；ρ 为湿垃圾的体积密度（kg/m³）。

而孔隙率 n 则指垃圾内孔隙体积 $V_{孔}$ 和总体积 V 的比值

$$n = \frac{V_{孔}}{V} \tag{4-5}$$

填埋场中垃圾孔隙率的值通常为 30%～60%。饱和度 S 定义为液体体积 $V_{液}$ 与孔隙体积之比：

$$S = \frac{V_{液}}{V_{孔}} \tag{4-6}$$

孔隙率、饱和度、液体及气体体积等物理性质发生变化是影响填埋气、渗滤液流动的关键因素。此外，垃圾自身重力造成压缩，有机物的降解改变垃圾的颗粒粒径大小，并且降解的过程中产生沉降等都会对气液的迁移产生重要的影响。

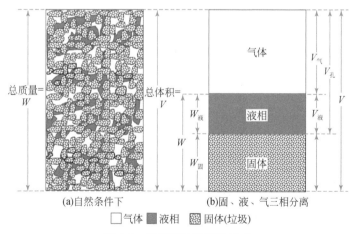

图 4-1　城市固体废弃物组成

随着填埋时间增加，由于填埋垃圾固、液、气三相比例变化，填埋垃圾堆体会发生沉降。一般可以将填埋垃圾体的沉降分为 3 个阶段，即初压缩沉降阶段、

主压缩沉降阶段和次级压缩沉降阶段。初压缩沉降指的是在外加荷载作用下引起的填埋体的剪切压缩变形，它是瞬间完成的。主压缩沉降是在保持外荷载恒定的情况下，城市生活垃圾的骨架发生蠕动、错动及移动等位置的改变而发生的沉降，一般在施加压力后 30d 内发生。次级压缩沉降为有机物的降解沉降，城市生活垃圾中的有机物在一定的环境下，其成分发生分解从而失去了骨架作用而产生的沉降，该阶段的沉降比较漫长，一般可以持续几年。

4.2　填埋加压实验设计

实验设计的压缩降解模拟填埋反应器装置，如图 4-2 所示。该装置主要由两大部分组成：压缩装置和模拟填埋反应器。压缩装置采用的是手动液压泵带动千斤顶加压的方式进行手动加压，所施加压力的大小通过装在液压泵上面的液压表（量程为 0～40MPa，刻度为 1MPa）读取，千斤顶通过铁质支架支撑而倒立。模拟填埋反应器材质为不锈钢，高为 75cm，内径为 18cm，壁厚为 0.5cm；顶部设置两个开口，一个用于加入缓冲液调节 pH 加速垃圾甲烷化，另一个作为填埋垃圾所产气体的收集口，底部还设置了渗滤液收集口；与千斤顶对接的是一个打孔的移动活塞，由不锈钢杆和打了孔的不锈钢平板组成，上部不锈钢杆部分直径为 3cm，底部打孔平板部分厚为 0.5cm，孔径为 1cm，孔间距为 2.5cm。

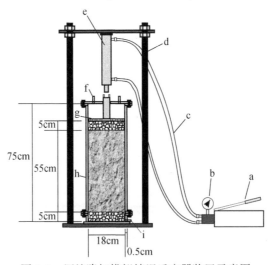

图 4-2　压缩降解模拟填埋反应器装置示意图

a. 手动液压泵；b. 液压表；c. 连接管；d. 铁质支架；e. 液压千斤顶；f. 气体收集口；

g. 打孔的可移动活塞；h. 模拟填埋反应器；i. 渗滤液收集口

设计两种不同的加压方式，即递增式压力（21kPa、42kPa、84kPa，分别模拟垃圾埋深3m、6m、12m）和恒定式压力（84kPa，模拟埋深12m）对填埋垃圾产甲烷的影响，分别模拟填埋场中垃圾逐层式填埋和一次性填埋两种不同的填埋情况，递增式加压模拟填埋反应器和恒定式加压模拟填埋反应器分别标号 B1 和 B2。

对于 B1 填埋反应器，在垃圾填埋后 75d 开始对垃圾施加 21kPa 的恒定压力，103d 时压力增加到 42kPa，到了 131d 时继续将压力增加到 84kPa，填埋垃圾在前两种压力 21kPa 和 42kPa 均持续降解了 28d。B2 填埋反应器中的填埋垃圾则在 103d 时开始受到 84kPa 的压力，并一直维持 84kPa 的恒定压力到实验结束。两个填埋反应器中填埋垃圾的厌氧降解实验总共进行了 250d，两个反应器在 131d 以后到实验结束时都是在 84kPa 的压力下进行压缩降解。

4.3 压实方式对垃圾堆体的影响

4.3.1 堆体高度

两个反应器 B1 和 B2 中填埋垃圾高度随时间及压力的变化情况如图 4-3。B1 中填埋垃圾在 21kPa 压实作用填埋垃圾发生了较大的沉降，压力逐步增加到 42kPa 和 84kPa 时，垃圾沉降量有增加但是增加量远少于 21kPa 时垃圾发生的沉降量。如表 4-1 所示，第一阶段 21kPa 的初始压力令垃圾总高度下降了 42.20%，而将压力逐步增加到 42kPa 和 84kPa 时，垃圾沉降百分比分别为 3.85% 和 5.10%，初始 21kPa 压实作用垃圾高度的下降程度远大于后面将压力增至 42kPa 和 84kPa 时的下降情况，这说明垃圾形变程度在一定压力下达到极限，再增加压力垃圾高度也不会再发生明显的沉降。第 250d 实验结束时，B1 反应器中填埋垃圾的高度为 17.1cm，填埋垃圾体发生的总沉降量为 37.9cm，其中三种压力施加后 24h 内发生的沉降量总和为 19.1cm，占整个实验过程填埋垃圾总沉降量的 50.40%。

表 4-1　加压 24h 后垃圾高度的变化情况　　　　　（单位：cm）

反应器	B1			B2
压力	21kPa	42kPa	84kPa	84kPa
0h	41	20.8	19.6	40.4
24h	23.7	20	18.6	19.2
沉降量	17.3	0.8	1	21.2
沉降百分比	42.20/%	3.85/%	5.10/%	52.48/%

　　B2 反应器中填埋垃圾高度加压前为 40.4cm，施加了 84kPa 压力后，经过 24h 垃圾高度降到了 19.2cm，发生了 21.2cm 的沉降量，沉降百分比为 52.48%。实验结束时，测得 B2 反应器中填埋垃圾的高度和 B1 填埋反应器中的垃圾高度相同也为 17.1cm，两个反应器中填埋垃圾发生的总沉降量都是 37.9cm。其中，对于 B2 来说加压后 24h 内发生的垃圾沉降占到整个实验过程中垃圾总沉降量的 55.94%。更高的初始压力可以令填埋垃圾体发生更多的沉降，且压实作用令垃圾在 24h 内发生的沉降占到了整个实验过程中垃圾填埋总沉降量的一半以上（B1 为 50.40%，B2 为 55.94%）（图 4-3）。

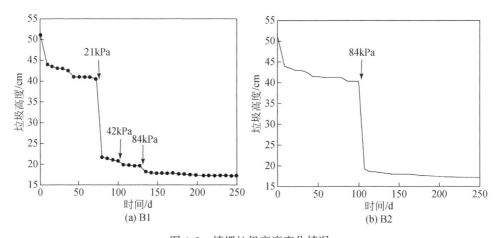

图 4-3　填埋垃圾高度变化情况

4.3.2　填埋垃圾孔隙比

　　B1 反应器中填埋垃圾施加了 21kPa 压力后，垃圾孔隙比从 3.24 骤降到了

1.29，降低了60.19%；将21kPa压力逐步增加到42kPa和84kPa后，垃圾孔隙比也有所下降，但是下降程度均远低于加21kPa压力时的降低情况。从135d到250d实验结束时，垃圾孔隙比基本趋于稳定，其值大小在0.11~0.21波动［图4-4（a）］。

B2反应器中填埋垃圾在84kPa的压实作用下，其孔隙比从加压前第100d的2.84骤降到了第107d的0.84，下降了70.42%；从114d到250d，垃圾孔隙比呈缓慢下降的趋势，垃圾孔隙比值的大小从114d的0.81缓慢降到了250d的0.74，其值基本趋于稳定。压实作用可以令垃圾孔隙比迅速降低，且更高的初始压力令垃圾孔隙比下降程度更大［图4-4（b）］。

垃圾体与普通土体相比，垃圾沉降除了是因为气体孔隙的减少以及孔隙水的排出，还由于有机物的降解引起的固体颗粒的减少。B1中垃圾受到21kPa的压力时，压实作用和加快的有机物消耗速率都使垃圾体沉降加速，但大部分沉降是由于压力的压实作用引起的，因降解引起的沉降与时间密切相关。

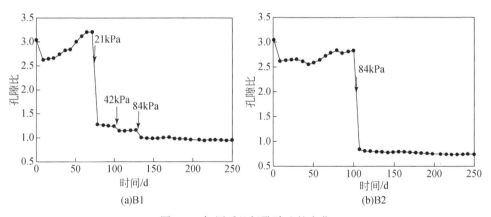

图 4-4　加压后垃圾孔隙比的变化

4.3.3　垃圾含水率

压实作用下，垃圾体中部分水被挤出，垃圾含水率也相应发生改变。垃圾含水率通过水的质量守恒计算出，其随压力及时间的变化情况如图4-5所示。在21kPa压实作用下，B1反应器中填埋垃圾含水率从42.06%骤降到21.82%；将压力从21kPa逐步升高到42kPa和84kPa时，垃圾含水率均呈现出先快速下降后慢慢升高的趋势，在42kPa和84kPa压实作用下，垃圾含水率的下降程度远小于施加 21kPa 的压力时。但是在 84kPa 压力的长期作用下，垃圾含水率是处于慢慢下降并趋于稳定的状态，最后实验结束第 250d 时 B1 反应器中填埋垃圾的含水率为 13.43%［图 4-5（a）］。

B2 反应器中填埋垃圾在加压前第 100d 时的含水率为 40.13%，在第 103d 施加了 84kPa 的压力以后，垃圾含水率迅速降到了 107d 的 15.90%，并继续降到了 114d 的最低值 9.12%，之后有较少的升高，但升高到了 149d 时的 17.28% 后又继续缓慢下降直至趋于稳定，250d 实验结束时垃圾含水率为 7.47%［图 4-5（b）］。结合图 4-5 中 B1 和 B2 两个反应器中填埋垃圾含水率随压力及时间的变化情况来看，压实作用总体来说有效地降低了堆体中的垃圾含水率。

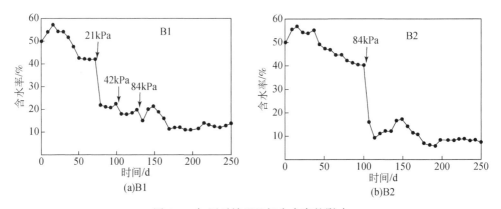

图 4-5　加压对填埋垃圾含水率的影响

4.3.4　填埋气

图 4-6 展示出在不同压力作用下，垃圾孔隙比和甲烷日产量增加的相互关系。其中 B1 反应器中的填埋垃圾从 11d 开始有甲烷产生到 47d 时达到甲烷日产量峰值 6.38L/d，在 75d 施加 21kPa 压力后，76d 甲烷日产量从 75d 时的 1.85L/d 增加到了 2.95L/d，升高了 59.82%，后甲烷日产量呈逐渐下降趋势，103d 时甲烷日产量降到了 1.17L/d；在 103d 压力增加到 42kPa 后，甲烷日产量逐渐上升，在 117d 时达到最大值 1.50L/d，后慢慢下降，在再次升高压力以前 131d 甲烷日产量下降至 0.90L/d；131d 压力增加到 84kPa 后，甲烷日产量先继续下降后上升至最大甲烷日产量 1.00L/d［图 4-6（a）］。

B2 反应器中从 14d 开始有甲烷产生，到 62d 时甲烷日产量达到峰值 3.19L/d。

在施加 84kPa 压力的前一天即 103d 时垃圾甲烷日产量为 1.11L/d，施加压力后甲烷日产量快速增加，到 110d 时增加到一个峰值 2.27L/d 后开始慢慢下降。250d 实验结束时，甲烷日产量降到了 0.14L/d。加压令 B2 反应器中已经过了产甲烷高峰期的填埋垃圾再次加速降解，出现了第二个甲烷产生速率的高峰期 [图 4-6 (b)]。

对比 B1 和 B2 反应器中各自垃圾在加压前后甲烷日产量变化情况，可以看出，初始 21kPa 压力（B1）和初始 84kPa（B2）压力下甲烷日产量都有所增加，更高的初始压力 84kPa 可能会使甲烷产生速率加快现象更加明显，且持续的时间更长。对于 B1 反应器中垃圾来说，后续将初始压力 21kPa 逐步升高到更大的压力 42kPa 和 84kPa 时，甲烷日产量也有所增加但是增加程度不明显，远小于施加初始压力 21kPa 时甲烷日产量的增加程度。

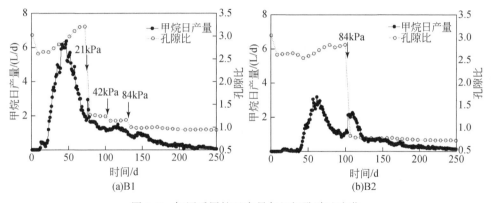

图 4-6　加压后甲烷日产量与垃圾孔隙比变化

压实可以通过直接改变垃圾物理性质来间接地影响垃圾内部产甲烷的生物反应行为，填埋垃圾物理性质包括含水率、孔隙比、饱和度等。压实使垃圾孔隙比减小，令微生物与有机物之间的接触增多，传质速率加快，从而提高了厌氧降解速率，增加了甲烷产气量。如图 4-7 所示，压实作用明显地减少了已经进入产甲烷后期可以作为产甲烷接种物的垃圾（黄色）与还未进入产甲烷后期垃圾（白色）之间的间隙（黑色），即令甲烷微生物周围可以利用的基质变多，使更多的垃圾（黄色）进入了产甲烷的状态，因此填埋垃圾只在自身重力作用下的产甲烷速率要低于有外在压力时的情况。

根据固相厌氧反应的"反应活性区机理"，假设接种物周围的垃圾是均质的且呈球形，反应活性区扩展的速率是均匀的，任何时候的反应速率与任何组分的

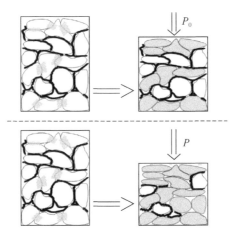

图 4-7 压实对堆体垃圾传质的影响

白色为未进入产甲烷后期的 MSW，黄色为已经进入产甲烷后期的 MSW 即接种物，
黑色为垃圾间的间隙，P_0 为垃圾自身重力给予的压力的情况，P 为有外来压力的情况，$P > P_0$

浓度无关，而是由反应活性区的总面积大小（也可理解为微生物周围基质浓度）决定。加压前（P_0）后（P）可以作为活性接种物的已进入产甲烷反应的填埋垃圾与周围未进入甲烷化反应的填埋垃圾接触面积变化如示意图 4-8 所示，将垃圾颗粒简化成球状，加压后两者的接触面积与未加压前相比明显增大，因此甲烷产生速率在加压后明显增快。

图 4-9 展示了反应器 B1 和 B2 所产填埋气中甲烷和二氧化碳浓度的变化情况。B1 反应器中所产填埋气在 75d 时甲烷浓度为 59.59%，在 75d 对垃圾施加了 21kPa 的压力后，填埋气甲烷浓度先稍微有所下降，在 79d 后甲烷浓度开始上升，在 99d 达到一个峰值 69.40%，与加压前一天即 75d 时相比甲烷浓度升高了 9.81%，说明在压实作用下产甲烷菌可能变得更加活跃，产甲烷速度加快。在 103d 将压力增加到 42kPa 后，所产填埋气中甲烷浓度稳定在 66.23% ~ 68.22%，而没有明显变化。在 131d 继续将压力增加到 84kPa 后，甲烷浓度在 144d 升到最高浓度 68.83% 后慢慢下降，升到的最高浓度比升高压力前一天第 131d 的甲烷浓度高出 1.02%，甲烷浓度升高现象与 21kPa 时相比不明显。实验结果表明，外加压实作用产甲烷菌变得更加活跃，令填埋气中甲烷浓度有所升高，但是更高的压实作用下甲烷浓度变化并不明显 [图 4-9（a）]。

在 103d 对 B2 反应器中填埋垃圾施加了 84kPa 的压力以后，填埋气中甲烷浓度先从 103d 时的 62.04% 微微降到了 107d 的 61.64% 后开始较快地上升，到

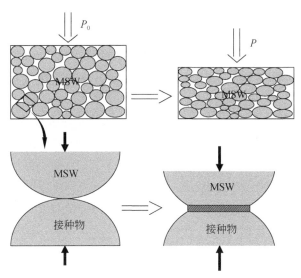

图 4-8 加压前后 MSW 与接种物接触面积变化示意图

116d 时升高到最高浓度 69.72%，从 117d 开始甲烷浓度呈逐渐下降的趋势，250d 实验结束时甲烷浓度降到了 61.44% ［图 4-9（b）］。对比图 4-9 中 B1 和 B2 反应器中垃圾所产填埋气中甲烷浓度随压力的变化情况，发现对垃圾施加了压力后，填埋气中的甲烷浓度都是先有稍微地降低后升高到了一个峰值，最后呈现一个下降的趋势。在压实作用下，填埋气中甲烷浓度都有了暂时的升高现象。

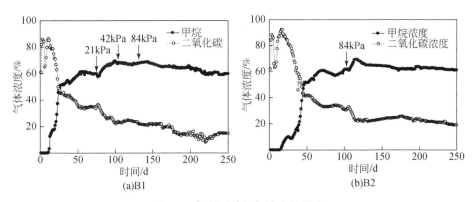

图 4-9 加压对填埋气浓度的影响

4.3.5　渗滤液水位

加压前 B1 和 B2 反应器中上层砾石层上面并未发现有渗滤液截留，渗滤液全部在垃圾中。但是，随着外界压力的增大，部分渗滤液从垃圾中挤出，在上层砾石层开始观察到渗滤液。两个反应器中截留渗滤液水位变化如图 4-10 所示。对于 B1 反应器来说，在加压之后，截留渗滤液水位整体出现先升高后随时间降低的趋势，在 250d 实验结束时被截留在上层砾石层上面的渗滤液水位下降到了5.9cm。B2 反应器中填埋垃圾施加了 84kPa 的压力后，反应器上层砾石层上方开始形成一定的截留渗滤液水位，截留渗滤液水位从 114d 时的 6.5cm 逐渐降到了149d 时的 4.3cm，后又慢慢升高至 191d 时的 7.0cm，最后截留渗滤液水位呈慢慢下降趋于稳定的趋势，实验结束时截留渗滤液水位为 6.5cm。

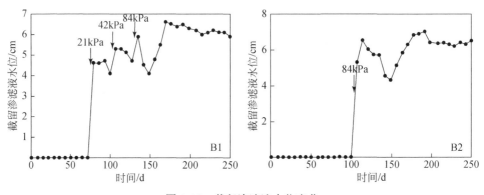

图 4-10　截留渗滤液水位变化

总体来说，在压力的作用下，填埋反应器中截留渗滤液水位呈现出先升高后缓慢地降低并最终趋于稳定的趋势。在填埋场内，高的渗滤液水位会引发一系列不利后果，如加速渗滤液渗漏、填埋堆体失稳滑坡、加剧污染物扩散等。

4.3.6　渗滤液水质

图 4-11 为渗滤液 pH、COD 和 VFA 随压力及时间的变化曲线图。在给 B1 中垃圾施加压力以前，渗滤液 pH 稳定在 5.55～5.81，在 21kPa 恒定压力下的 4 周时间里，pH 先是升到了 6.05 后又下降至 5.93；随着压力的逐渐增加，渗滤液pH 呈现缓慢升高的趋势，在 250d 实验结束时 pH 为 6.64。B2 在加压操作以前，

渗滤液 pH 则是在 5.5 左右波动，施加 84kPa 的压力后，渗滤液 pH 突然上升到了 156d 的一个峰值 7.35，后 pH 慢慢下降至 198d 时的 6.77 继续呈升高趋势，实验结束时测定的渗滤液 pH 为 7.83。

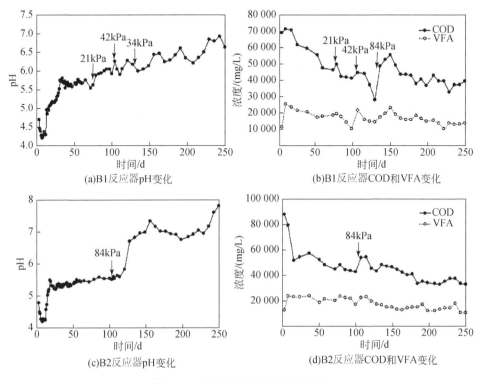

图 4-11　加压对渗滤液水质的影响

实验过程中 COD 和 VFA 浓度的变化趋势基本一致，渗滤液的 COD 和 VFA 浓度在压实作用下都呈现了暂时的升高后呈慢慢下降。在 250d 实验结束时，B1 中底部渗滤液 COD 和 VFA 的浓度分别为 39 781mg/L 和 13 827mg/L，B2 渗滤液 COD 和 VFA 浓度大小分别为 32 940mg/L 和 10 370mg/L。

在加压过程中，具有较大粒径的部分有机垃圾在压实作用下被破碎（物理压缩），粒径变小，因此加速了有机物的水解速率，使渗滤液的 COD 和 VFA 值快速升高，但甲烷产生速率的加快又加速消耗掉了部分 COD 和 VFA，所以 COD 和 VFA 出现了暂时的上升后又下降的趋势。

填埋垃圾体在一定压力下会发生很大的沉降，但将初始压力逐步增大时即后续给予更大的压力时，垃圾沉降增加量明显变小。恒定压力比逐步加压到相同的恒定压力时引起的垃圾沉降更多。因此，在填埋场进行垃圾填埋时，一开始即对垃圾进行适宜的压实作用即可，过多的压实可能非但不能达到增加填埋容量的目的反而浪费了成本。

4.4　本章小结

压实作用是影响填埋垃圾降解过程的一个重要因素，本章探讨了两种不同加压方式即递增式压力和恒定式压力对填埋垃圾的影响，总结了压实对填埋垃圾的气、液、固三相的影响结果，并讨论分析了压实对填埋垃圾产甲烷后期气、液、固三相的影响机制。在压实作用下，具有较大粒径的部分有机垃圾在压实作用下被压缩破碎，粒径变小，填埋垃圾孔隙比变小，增加了垃圾之间的接触面积和垃圾周围产甲烷菌等微生物的基质浓度，加快了有机物的水解速率，一定程度上使得填埋垃圾的产甲烷速率加快；垃圾中部分渗滤液与气体被挤出，使得渗滤液水位升高，同时改变了渗滤液性质，渗滤液中 COD、VFA 都出现先升高后降低的趋势，虽然由于重力的影响，截留渗滤液慢慢渗回到垃圾，但仍需要考虑压实造成渗滤液水位升高而可能带来的环境风险。

参 考 文 献

陈云敏, 柯瀚 . 2003. 城市固体废弃物的压缩性及填埋场容量分析 ［J］. 环境科学学报, 23 （5）:694-698.

冯国建 . 2010. 城市生活垃圾填埋场降解及沉降模型研究 ［D］. 重庆：重庆大学博士学位论文 .

兰吉武 . 2012. 填埋场渗滤液产生、运移及水位壅高机理和控制 ［D］. 杭州：浙江大学博士学位论文 .

李明英 . 2015. 压实对填埋垃圾产甲烷后期的影响研究 ［D］. 北京：北京大学硕士学位论文 .

李明英, 杨帆, Ko J H, 等 . 2015. 压力对填埋垃圾产甲烷阶段的影响研究 ［J］. 环境科学学报, 35 （11）: 3755-3761.

李明英, Ko J H, 徐期勇 . 2014. 填埋垃圾渗透系数的研究进展 ［J］. 环境工程, 32 （8）: 80-84.

刘荣, 施建勇, 彭功勋 . 2003. 城市固体废弃物 （MSW） 的沉降参数研究 ［J］. 岩土工程技术, 6 （2）: 90-95.

赵由才 . 2002. 实用环境工程手册：固体废物污染控制与资源化 ［M］. 北京：化学工业出版社 .

El-Fadel M. 1999. Leachate recirculation effects on settlement and biodegradation rates in MSW landfills ［J］. Environmental Technology, 20 (2): 121-133.

Ko J H, Li M Y, Yang F. et al. 2015. Impact of MSW compression on methane generation in decelerated methanogenic phase ［J］. Bioresource Technology, 192: 540-546.

Olivier F, Gourc J P. 2007. Hydro-mechanical behavior of Municipal Solid Waste subject to leachate recirculation in a large-scale compression reactor cell ［J］. Waste Management, 27 (1): 44-58.

Tchobanoglous G, Theisen H, Vigil S. 1993. Integrated solid waste management: engineering principles and management issues ［J］. New York: McGraw-Hill, Inc.

第 5 章 | 填埋场气体双向导排技术

垃圾是一种非均质的多孔介质，成分复杂、结构不稳定，垃圾体内的固、液、气三相相互影响因素众多，气液迁移情况复杂。我国垃圾含水率高，导致在填埋场中产生大量的渗滤液，填埋场管道堵塞及雨污导排不畅又使得渗滤液淤积的现象经常出现，第 4 章通过加压模拟也证实了压实操作会加剧填埋场不同深度的渗滤液淤积。由于淤积的渗滤液填充在垃圾体的空隙中减少了气体迁移的通道，又使得填埋场底部产生的气体无法顺利地从上方的气体收集系统排出，因此，填埋场渗滤液淤积往往伴随着填埋场内部较大的气体压力。渗滤液淤积与气体压力增大相互影响，导致一系列不利后果，如影响填埋气的有效收集、加剧渗滤液渗漏及污染物扩散、影响土工膜使用寿命，甚至造成垃圾填埋场堆体失稳和滑坡事故等。因此，需要开发新型气体导排技术，减小因气液导排不畅所带来的环境风险。

本章针对填埋场中渗滤液淤积、气压大等问题，介绍填埋气双向导排技术原理，通过双向导排系统与单向导气的对比，探究双向导排系统对渗滤液淤积和气压增大的缓解程度以及对气液迁移路径的影响，为进一步减小因气液导排不畅所带来的环境风险提供理论依据。

5.1 填埋场水位与气压问题

目前我国垃圾填埋场面临的一个普遍问题是填埋场堆体内部渗滤液水位较高，根本原因是中国生活垃圾含水率高，有机垃圾占比大，填埋后垃圾堆体在自身压缩降解作用下，产生大量渗滤液；另一个主要原因是填埋场中水气迁移导排不畅。垃圾体被压实后渗透系数降低，孔隙通道不连续，引起填埋气和渗滤液导排困难；加之降雨量高、填埋场技术水平较低或管理不当（如雨污分流操作不当、导排设计能力低、管道变形、堵塞或者腐蚀等原因），渗滤液无法及时导排出去而出现垃圾阻水层，导致渗滤液水位壅高。

在传统的填埋场中，垃圾产生的渗滤液在重力的作用下由上向下迁移，从底部的渗滤液收集系统排出，而垃圾体产生的填埋气向上迁移从顶部的集气系统收集。由于自身的重力压缩，垃圾的空隙随着填埋场垃圾深度的增加而减小，因此垃圾堆体的渗透系数减小。垃圾渗透系数是影响填埋体内水流运动和水分分布的主要因素，垃圾渗透系数过低令渗滤液不能及时进入导排系统，引起渗滤液在场内的累积。图 5-1 （a）、图 5-1 （b） 分别表示垃圾压缩前 （浅层垃圾） 与压缩后 （深层垃圾） 所处的状态。如图 5-1 （a） 所示，在填埋场的浅层垃圾中，填埋气与渗滤液的迁移虽然形成了两相逆流，但由于垃圾自身重力压缩较弱，孔隙通道多，气液迁移之间的阻力小而能够顺利地被收集。但在填埋场深层垃圾中，由于垃圾的孔隙减小，液体占据了大部分的孔隙而使得填埋气向上的迁移通道减少 ［图 5-1 （b）］，渗透系数减小，气液两相逆流之间的阻力增大。当气体的产生速率与渗滤液的产生达到某一临界状态时，气体压力就将渗滤液 "托" 住，渗滤液由于不能向下顺利排出而造成淤积，同时气体不能有效的从上面被收集而增大垃圾堆体内的气压。

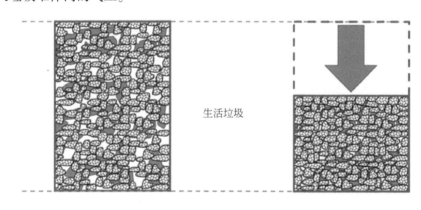

生活垃圾

(a)压缩前 (b)压缩后

→ 气体迁移方向

┅► 渗滤液迁移方向

图 5-1   MSW 的空间构成

我国南方填埋场普遍面临渗滤液水位较高问题，现场测试表明某填埋场渗滤液水位高达 9～19m。在出现渗滤液水位壅高的填埋场都具有较大的气体压力，因为只有气体压力足够大时，才能够"托"住渗滤液，阻止渗滤液向下迁移。另外一方面，渗滤液出现淤积之后，会造成填埋气的导排不顺畅，又进一步导致了垃圾体内部气体压力的增大。因此，填埋场堆体内部气体压力大与渗滤液淤积的现象经常同时出现。此外，垃圾内部渗滤液水位升高，堵塞抽气井，形成气体回收管网的湍动现象，直接影响填埋气的排出及回收利用率。气体运移通道变得不连续，气体渗透系数降低明显。垃圾体接近饱和状态时填埋气不能溢出，以气泡形式存在于垃圾体中，难以运移收集。现在很多已建设施的填埋场气体收集量未达到计划数量，其中一个重要的原因就是填埋场水位高。

渗滤液高水位使得堆体变得不稳定，表现在增加垃圾体湿重，降低垃圾体有效容重，减小堆体整体和局部稳定，特别是在进行渗滤液回灌的填埋场，回灌所产生的超孔隙水压力会降低堆体的局部稳定。而且，填埋场不仅仅存在单一部位渗滤液水位壅高，填埋场上部、底部均可能存在饱和区，同时由于中间覆盖层（低渗透性垃圾、覆土或覆膜）的阻断作用，还可能形成上层滞水。形态复杂的水位壅高，也是研究渗滤液壅高时面临的一大难题。填埋场水位壅高可能会引发堆体失稳、环境污染加剧以及出现填埋气爆炸等风险，对填埋场安全运营是一个挑战。

5.2　填埋气导排技术原理

填埋场渗滤液水位淤积及内部气压过大使得渗滤液溢出而造成二次污染，同时也会降低填埋场的边坡稳定性，对填埋场的安全性具有较严重的负面影响。国内外就影响填埋场渗滤液水位淤积、垃圾内部气压的因素做了较多的研究，并提出了一些解决措施。这些影响因素包括垃圾自身的含水率、填埋堆体的高度、渗滤液导排管的堵塞及气液收集系统的设计方式等方面。

填埋场主要通过钻孔加埋竖直抽气井、集气管的方式进行气体收集，但集气井常常由于垃圾沉降不均匀造成气密破损或被难以及时排出的高位渗滤液淹没形成水封作用，导致填埋气收集系统瘫痪，抽气无效或填埋气收集率十分低下。模型研究发现，通过水平沟或者竖井抽气可使填埋场内部气压不断释放降低，从而能有效控制渗滤液水位高度。由于填埋气横向渗透系数大于纵向渗透系数，因而填埋场主要采用竖井抽气。考虑到填埋场分层情况，竖井及水平井收集系统对填埋气体压力影响的研究发现，竖井和水平井收集系统共同作用能有效降低填埋场气压。但目前针对竖井和水平井联合作用下填埋场气液迁移的研究大多还处于模型阶段，缺乏实际数据支持。

填埋气的真空抽排收集通常是在填埋场顶部钻孔进行，与此相反，渗滤液收集则在填埋场底部进行，由带孔的渗滤液收集管通过重力流进行收集。填埋场中填埋气流向与渗滤液流向属于多相逆流。在压缩的城市生活垃圾中，气体、液体两者的流动模式取决于垃圾组分的大小以及其几何形状排布。另一些相关因素包括不同操作条件下垃圾组分的质地结构，以及两相逆流的速度和物理性质。增加渗滤液流动（增加含水率或渗滤液回灌），提高气体流量（填埋气产生），减小通道的孔隙大小都会加大两相逆流的流动阻力。流动阻力的增加可能会造成渗滤液不能经重力排出而形成堵塞或壅高现象。

导致水位壅高的主要原因是填埋场中水气迁移导排不畅。因此，探究填埋场渗滤液和填埋气的产生和迁移对填埋场设计及管理控制具有重要意义。国外学者提出可以利用渗滤液收集系统来收集气体，即双向气体导排。双向导排填埋气系统可上下同时导气，并与渗滤液回灌操作相互作用影响气液迁移，据估算当利用底部与顶部同时收集气体时，垃圾体内的压力可以显著降低。双向导气方式及其系统示意图如图 5-2 所示。

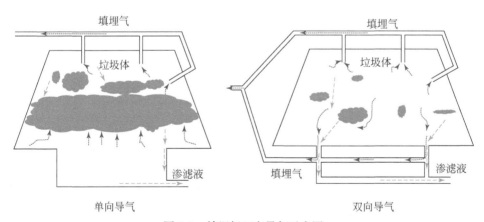

图 5-2 填埋场双向导气示意图

5.3 填埋气双向导排系统设计

设置两个生物反应器 T1 和 BT1 模拟不同填埋场气体导排系统，其中 T 代表填埋场中常见的单向气体导排系统，如图 5-3（a），反应器的下方导气口被封闭，气体仅可以从反应器的上方排出；BT 代表采用上下双向导排系统，如图 5-3（b）所示，该反应器在顶部与底部都接有气袋。

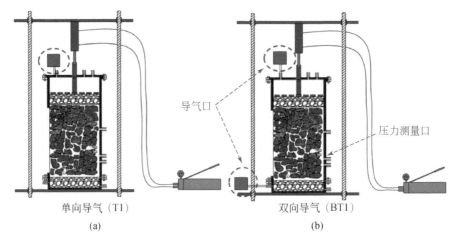

图 5-3　单向和双向导排装置示意图

　　每个反应器中装填有自行配制的 12kg 生活垃圾，填埋时将垃圾用打孔的塑料网分为 4 层，每层垃圾的重量为 3kg，以便实验结束后对每层垃圾的性质进行分析。为了防止实验过程中垃圾碎屑对反应器底部的导气孔、渗滤液收集孔的堵塞，以及渗滤液回灌时能够保证其均匀地分布，在垃圾的底部与顶部各铺厚度为 5cm 的砾石。在垃圾的装填过程中，将温控装置的探头置于垃圾体内部，探头另一端接自动温控器，温控器设置温度范围 35～37℃，温控器同时接入缠绕在反应器外壁的加热带，加热带外包裹一层保温棉以便维持恒定的温度。垃圾装填完毕后，测量垃圾高度并记录，便于后期计算垃圾的沉降及体积密度等指标。在垃圾体上部加上打孔金属圆盘，连接金属杆与加压装置。在反应器顶部加上有机玻璃盖，有机玻璃盖连接气袋、漏斗等。将反应器各个连接的部位涂上密封胶，保证反应器呈密闭状态。

　　反应器内的气压由反应器顶部、底部及侧面的 3 个孔测得，压力测量孔的高度从下至上依次为 7cm，18.5cm，23.5cm，43.5cm 和 90cm。从下至上排序，第 1 与第 5（7cm 与 90cm）个孔的气压位于垃圾体的外部，第 2 与第 3（18.5cm 与 23.5cm）个孔始终测量的是垃圾体内部的气压，第 4（43.5cm）个孔在未加压之前测的是垃圾体内部的气压，后期因为加压后垃圾的高度降低，该孔测量的是垃圾体外部的气压。

为了缩短垃圾酸化的时间，快速地达到产甲烷阶段，实验初期对各个反应器进行渗滤液回灌及曝气预处理，曝气速率由转子流量计控制在 600mL/min，频率为 2 次/d，5h/次，日曝气量为 360L/day。待反应器中的甲烷产生达到 4L/d 左右，pH 处于 6 以上时，在反应的 35d 对 BT1 与 T1 反应器施加 42kPa 的压力，该压力是模拟的实际填埋场中 6m 深位置填埋垃圾自身重力造成的压缩。各个反应器的主要操作过程如表 5-1 所示。

表 5-1　各反应器的操作过程

反应器	曝气处理/d	开始加压时间	预设加压后垃圾孔隙比	回灌时间/d	结束时间/d
BT1	1 ~ 14	35d	0.94	1 ~ 21	223
T1	1 ~ 14		0.99	1 ~ 21	192

5.4　双向导排对填埋堆体的影响

5.4.1　渗滤液淤积与堆体内气压

在 35d 时分别对双向导气系统反应器 BT1 和单向导气系统反应器 T1 施加了 42kPa 的压力，两个反应器中垃圾的空隙体积因为加压而减小，在加压当天两个反应器均出现了渗滤液淤积现象（图 5-4）。在 T1 反应器中，加压当天淤积的渗滤液大约为 780mL，但是在 BT1 中，渗滤液在出现最大的淤积量 280mL 后，随着向下收集的气体一起向下迁移直至完全消失，此后至 223d 实验结束一直再未出现渗滤液淤积的现象。

渗滤液淤积与气体压力增大往往同时发生。在加压当天 BT1 和 T1 的压力都有一定的提升，与渗滤液淤积趋势相适应（图 5-5）。T1 中压力上升的更快，到 24：00 时 T1 压力达到 197.2mm$_{H_2O}$[①]，而 BT1 反应器中的压力仅为 16.7mm$_{H_2O}$，证明双向导气能有效降低填埋堆体内气体压力。

在整个过程中两个反应器因加压产生的渗滤液总体积相似，但是产生的渗滤

---

① 此为水头压力，在实验中为便于显示数据之间的区分，采用此单位度量气体压力。

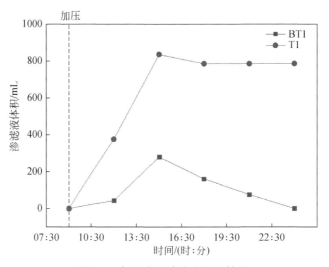

图 5-4 加压当天渗滤液淤积情况

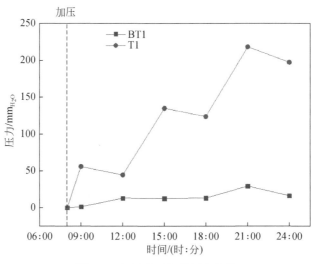

图 5-5 加压当天气体压力变化

液迁移方向不同。加压当天 BT1 与 T1 反应器分别在底部收集到了 1506mL 与 877mL 渗滤液，而 T1 中的另一部分渗滤液淤积在垃圾体上面，并且淤积的渗滤液在加压之后逐渐增大。BT1 与 T1 最终从底部收集到的渗滤液体积分别为 4110mL、3099mL。T1 中产生的渗滤液总体积为 4404mL。图 5-6 显示了两个反应器的渗滤液产生以及淤积的情况。根据渗滤液迁移路径对比可知，当垃圾空隙因加压减小时，T1 中因为气液双向逆流的作用而产生渗滤液淤积，BT1 中气液形成双向顺流，所以没有渗滤液淤积现象。可见双向导排可以在一定程度上避免渗滤液的淤积，并提高渗滤液的收集效率。

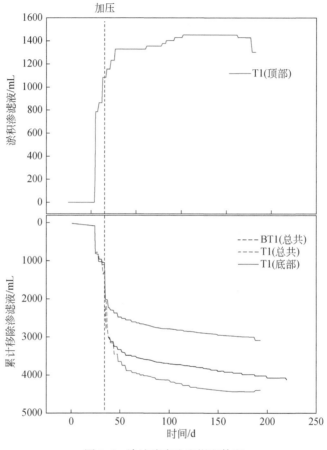

图 5-6　渗滤液产生和淤积体积

图 5-7 显示了整个实验过程中 BT1 与 T1 垃圾内部气体压力变化情况。造成两个反应器内气压差别的主要原因是 T1 中产生了渗滤液的淤积，淤积的渗滤液使得产生的填埋气无法顺利的排出，填埋气积聚在垃圾体内部使得气压增大，垃圾体内部产生的气体同时又阻碍了渗滤液的向下流出。

加压后，T1 中的压力在反应的 37d、第 64d 时分别达到两个高峰，压力值为 $307.8mm_{H_2O}$、$238.7mm_{H_2O}$，在 64d 后垃圾体内部的压力逐渐减小，到实验结束时压力大致在 $70mm_{H_2O}$ 左右波动。其原因可能是 T1 反应器后期的产气速率下降，

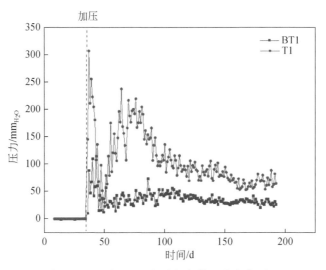

图 5-7　BT1 与 T1 垃圾内部气体压力变化对比

且含水率下降，使得垃圾体内部的压力得到缓解而减小。在加压之后至实验结束的时间，BT1 中的压力长时间处于 $40mm_{H_2O}$ 左右波动，反应器内的压力始终小于 T1。

　　对比 BT1 与 T1 两个反应器内渗滤液及气体迁移，渗滤液淤积水位，气体压力大小等情况，可以发现双向的气体导排系统可以缓解填埋场中渗滤液水位淤积、填埋垃圾内部气压过大等问题。

5.4.2　气体产生及迁移

　　BT1 与 T1 产气速率变化的趋势如图 5-8 所示，初期产气速率迅速降低，BT1 与 T1 分别从第 1 天的 11.2L/d，13.5L/d 下降到 14d 时的 1.81L/d，0.14L/d。加压使得两个反应器的产气速率增大，因为增加了微生物以及基质间的接触。T1 的产气速率在加压后从 3L/d 增加到峰值的 6.9L/d，并且此后较长的时间内在 3~4L/d 范围内波动，80d~95d 这段时间，T1 的产气速率迅速的降低，实验最后的阶段降低到了 0.4L/d。在双向导排反应器 BT1 中，加压后从 36d 到 146d 之前，产气速率基本上维持在 4L/d，至实验结束阶段，BT1 的产气速率在 1L/d 左右波动。

　　BT1 反应器内产生的填埋气由双向的气体导排口收集到，图 5-9 中显示 BT1

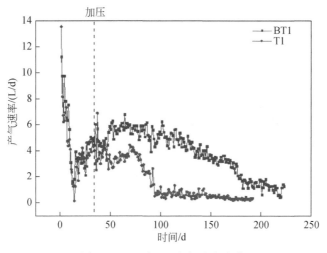

图 5-8 BT1 与 T1 产气速率变化

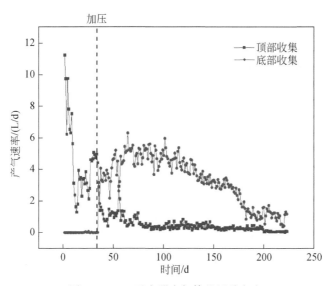

图 5-9 BT1 反应器中气体的迁移方向

上下两个气体收集口所收集到的气体体积，实验初期 BT1 中产生的填埋气全部从反应器的上面收集到，仅有微量的气体迁移到下方集气口的气袋中，但是在 35d 时对反应器进行加压操作后，大量的气体从下部导气口收集到。随着产气速率的增加，下方导气口收集气体体积在 64d 出现了最高峰值 6.31L。在 35d 加压之后，上方收集到的气体体积逐渐减小。35d ~ 223d，在下方导气口累计收集到的气体体积约是上方收集气体体积的 6.8 倍。在未加压的垃圾体中,当上下两个方向均有气体收集口时,气体更容易从上方收集。这是因为渗滤液由于重力作用迁移到底部垃圾的孔隙中,使得底部垃圾的气体渗透系数变小导致。然而,当垃圾加压之后,气体更倾向于向下方的气体收集口迁移,这说明了渗滤液与气体形成两相顺流,减小了气体向下迁移时的阻力。

5.4.3 垃圾含水率

不同的气体导排系统可以影响渗滤液的迁移,改变垃圾堆体的含水率。从开始反应到加压前,两个反应器的含水率变化较为相似,均为 52% 左右。加压之后,因为导气方式的不同,造成了两个反应器中渗滤液的产生量及迁移路径不同,从而导致了两个反应器中垃圾的含水率逐渐产生了较大的差别(图 5-10)。

T1 含水率的减小来自于两个方面,一是因为产生的渗滤液从下方收集口排出,另一方面大量产生的填埋气改变了渗滤液的迁移方向,使得垃圾内部的渗滤液淤积到了垃圾体的上面。而 BT1 反应器并没有出现渗滤液淤积的现象,其含水率的减小则是因为产生的渗滤液被排出。因此,BT1 与 T1 两个反应器在 35d 时因为加压,含水率分别迅速地从 50.8%、50.2% 下降到 41d 时的 39.0%、38.2%,而 42d 之后,T1 中出现淤积的渗滤液,其含水率下降的速率大于 BT1,两个反应器含水率的差别逐渐增大,至 191d 反应结束时,BT1 与 T1 的含水率分别为 34.5% 和 27.4%,相差约 7 个百分点。在实际填埋场中采用双向的气体导排系统,可能会降低淤积在垃圾体内部的渗滤液水位,使得更多的渗滤液从底部收集从而降低垃圾的含水率。

不同气体导排方式造成了不同的水分分布及垃圾体降解的空间异质性。实验结束时将反应器拆除,对反应器中的各层垃圾的含水率进行测量分析。BT1 与 T1 反应器中垃圾分层含水率情况如图 5-11 所示。实验最后 BT1 反应器中底部两层的含水率为 44.9%、39.9%,顶部两层的含水率为 31.4%、30.7%。BT1 反应器顶层含水率低于底层含水率,这主要是因为 BT1 采用的双向的气体导排系统,渗滤液与气体可以顺畅地自由流动,渗滤液由于自身的重力作用向下迁移,使得垃圾体下层的含水率较高。

然而 T1 反应器中水分的分布情况与 BT1 反应器有所不同,T1 中垃圾体顶层的含水率最高达到了 35.1%,底层为 29.4%。结合前面所观察到的实验现象,T1 反应器中在加压之后渗滤液淤积在了垃圾体的上面,反应器内部的气体压力

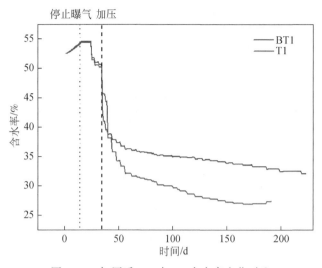

图 5-10　加压后 BT1 与 T1 含水率变化对比

变大，内部较大的气体压力使得垃圾体内部空隙中的水分向两端迁移，导致中间层的垃圾含水率较低。同时垃圾体上面淤积的渗滤液与顶层的垃圾有充分的接触，从而使得顶层含水率较高。因此，不同的气体导排系统造成了不同的液体迁移路径，不同的水分空间分布。

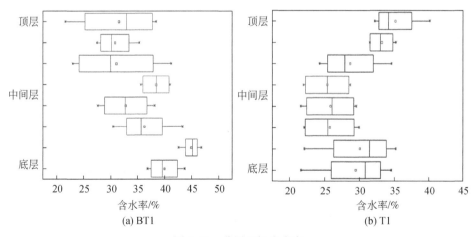

图 5-11　分层垃圾含水率

5.4.4 孔隙比与饱和度

孔隙比为多空介质中孔隙的体积与固体体积的比，是影响渗透系数的重要因素，渗透系数随孔隙比的减小而减小。填埋场不同深度垃圾的孔隙比有很大的差别，下层的渗透系数要低于上层和中层的垃圾，主要是因为下层垃圾受到了更大的重力压缩，下层垃圾孔隙比变小使得渗透系数也随之减小，有研究发现当垃圾填埋深度从 0 ~ 35m，孔隙比从 3 以上降低到 1 左右。加压操作也可以显著的改变垃圾体的孔隙比。

饱和度 S 为垃圾体中水分的体积与垃圾体中孔隙体积的比值，其计算公式为

$$S = \frac{V_{液}}{V_{孔}} = \frac{\omega G_s}{e} \tag{5-1}$$

式中，$V_{液}$ 为垃圾体中水分的体积；$V_{孔}$ 为垃圾体中孔隙的体积（包括液体的体积 $V_{液}$ 和空气占的体积 $V_{气}$），$V_{孔} = V \times n$；V 为垃圾总体积；n 为孔隙率，与孔隙比 e 有关，ω 为垃圾含水率，G_s 为垃圾比重。

两个反应器的饱和度及孔隙比的变化如图 5-12 所示。最初 BT1 与 T1 的孔隙比分别为 2.6、2.5。T1 反应器在加压之后孔隙比迅速的降低到了 1 左右，并且此后在 1 左右持续到实验结束。BT1 加压时的孔隙比变化与 T1 类似，但是在加压之后至实验结束的时间里，孔隙率逐渐增加到了 1.2 左右。因此，可以通过建立双向气体导排系统，改变渗滤液与气体的迁移路径，使两相对流变为两相顺流的方式来缓解垃圾体内部的气压与渗滤液水位。

饱和度在加压之后则因为孔隙空间的减小以及渗滤液的排出也迅速的发生了变化。BT1 与 T1 的初始饱和度分别为 58.5% 与 56.1%，加压使得 T1 的饱和度迅速地从 56.3% 增加到 104.9%，随着反应的进行，水分从气体与渗滤液中逐渐地被排出，T1 在第 174d 的饱和度降低到了 49.4%。BT1 中饱和度的变化比 T1 的变化范围较低一些，加压使得 BT1 的饱和度从 62.2% 只增加到了 97.6%，从 35d 加压达到峰值之后，饱和度开始逐渐地降低，并且 BT1 饱和度降低的速率相对 T1 也较慢，到实验进行的第 174d 时，饱和度比 T1 高了约 8 个百分点，达到了 58% 左右。造成两个反应器中饱和度差别的主要原因是因为 BT1 与 T1 采用了不同的气体导排系统导致了不同的渗滤液移除量，而渗滤液的移除量决定了垃圾体内残余的水分量，残余的水分量与垃圾的饱和度直接相关。

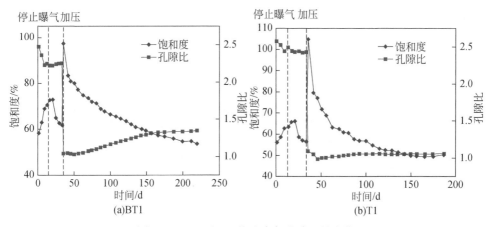

图 5-12　BT1 和 T1 饱和度与孔隙比的变化

5.5　本 章 小 结

本章阐述了垃圾填埋场中渗滤液水位壅高与气压增大同时出现的问题，分析了填埋气导排不畅的主要原因，提出填埋气双向导排技术有利于减轻这些问题带来的填埋场运营风险。通过对比双向与传统单向气体导排反应器的渗滤液和气体产生量以及填埋气压力与迁移方式，可见采用双向的气体导排系统增大了垃圾体底部透气率，可以加快气压消散速度，缓解填埋场内的气压与渗滤液的淤积，降低气体与渗滤液迁移的阻力，促进渗滤液和填埋气移除和收集。双向导排技术可有效控制渗滤液淤积并改善水位壅高现象，对解决填埋场运营稳定性问题起到重要作用。

参 考 文 献

陈云敏, 兰吉武, 李育超, 等. 2014. 垃圾填埋场渗沥液水位壅高及工程控制 [J]. 岩石力学与工程学报, 33 (1): 154-163.

居朦萌, 施建勇. 2016. 渗滤液水位以下垃圾体产气对孔隙压力影响研究 [J]. 岩土力学, 37 (S1):381-390.

何海杰, 兰吉武, 陈云敏, 等. 2016. 城市固体废弃物填埋场水位分布勘察初探 [J]. 东南大学学报 (自然科学版), 46 (S1): 40-44.

柯瀚, 刘骏龙, 陈云敏, 等. 2010. 不同压力下垃圾降解压缩试验研究 [J]. 岩土工程学报, 32 (10): 1610-1615.

兰吉武. 2012. 填埋场渗滤液产生、运移及水位壅高机理和控制 [D]. 杭州：浙江大学博士学位论文.

李启彬，刘丹，欧阳峰. 2007. 渗滤液回灌对填埋垃圾含水率的影响研究 [J]. 环境科学与技术，30（7）：20-22.

李睿，刘建国，薛玉伟，等. 2013. 生活垃圾填埋过程含水率变化研究 [J]. 环境科学，34（2）：804-809.

刘建国，聂永丰. 2001. 填埋场水分运移模拟实验研究 [J]. 清华大学学报（自然科学版），41（Z1）：244-247.

施建勇，赵义. 2015. 气体压力和孔隙对垃圾土体气体渗透系数影响的研究 [J]. 岩土工程学报，37（4）：586-593.

杨帆. 2017. 双向导排对生物反应器压实垃圾气液产生和迁移的影响 [D]. 北京：北京大学硕士学位论文.

杨帆，Ko Jae Hac，徐期勇. 2017. 双向导排系统对填埋场垃圾中渗滤液和填埋气产生迁移的影响研究 [J]. 环境科学学报，37（6）：1-7.

詹良通，徐辉，兰吉武，等. 2014. 填埋垃圾渗透特性室内外测试研究 [J]. 浙江大学学报（工学版），48（03）：478-486.

Chen Y M, Zhan L T, Wei H Y, et al. 2009. Aging and compressibility of municipal solid wastes [J]. Waste Management, 29（1）：86-95.

Fleming I R, Rowe R K. 2004. Laboratory studies of clogging of landfill leachate collection and drainage systems [J]. Canadian Geotechnical Journal, 41（41）：134-153.

Jiang J G, Yong Y, Shi H Y, et al. 2010. Effects of leachate accumulation on landfill stability in humid regions of China [J]. Waste Management, 30（5）：848-855.

Ko J H, Yang F, Xu Q Y. 2016. The impact of compaction and leachate recirculation on waste degradation in simulated landfills [J]. Bioresource Technology, 211：72-79.

Peng R, Hou Y, Zhan L, et al. 2016. Back-analyses of landfill instability induced by high water level：case study of Shenzhen landfill [J]. International Journal of Environmental Research & Public Health, 13（126）：1-17.

Townsend T G, Wise W R, Jain P. 2005. One-dimensional gas flow model for horizontal gas collection systems at municipal solid waste landfills [J]. Journal of Environmental Engineering, 131（12）：1716-1723.

Zhang W J, Qiu Q W. 2010. Analysis on contaminant migration through vertical barrier walls in a landfill in China [J]. Environmental Earth Sciences, 61（4）：847-852.

Zhang W J, Zhang GG, Chen Y M. 2013. Analyses on a high leachate mound in a landfill of municipal solid waste in China [J]. Environmental Earth Sciences, 70（4）：1747-1752.

第6章 | 双向导排对垃圾降解的影响与机理

第5章介绍了上下同时导气的双向导排系统对缓解渗滤液和填埋气导排不畅的作用,但填埋场运营过程中,不同的工艺路线和操作条件对双向导排的影响也会有所差异。本章通过改变工艺条件分析双向导排对垃圾填埋堆体以及垃圾降解效率的影响及其作用机理,为填埋场中渗滤液及气体收集系统的实用性设计提供参考。

6.1 加压操作的影响

6.1.1 系统设计

通过模拟填埋场中渗滤液回灌,对垃圾柱体渗滤液和填埋气相关的监测分析,研究不同加压操作对采用双向导排系统的填埋反应器填埋垃圾降解和稳定性的影响。本章设计了2组采用上层和下层同时导排填埋气的模拟填埋场生物反应器,在渗滤液回灌的条件下设置了C1(渗滤液回灌前加压)、C2(渗滤液回灌后加压)2种操作工艺。

装置由模拟垃圾反应柱、液压加压系统、曝气系统、排水集气系统四部分组成,具有提供好氧条件、渗滤液回灌收集、温度控制、加压条件等功能(图6-1)。垃圾反应柱采用不锈钢管制作,高均为75cm,顶部盖板为中空的有机玻璃板(中空直径3cm,便于移动活塞对垃圾体施加压力),通过法兰盘由8颗螺栓和柱体连接。各个反应器内分别装填9kg人工配置的垃圾,其中每3kg垃圾用大孔径薄纱网隔开并作标记。顶部和底部分别铺设5cm厚的砾石层用于保证渗滤液均匀分布以及防止阻塞。对垃圾体的底部曝气是通过曝气泵和玻璃转子流量计控制实现。排水集气系统由底部的集气口(也是曝气预处理时的曝气口)、渗滤液排放口、柱体顶部集气口和渗滤液回灌口组成。整个反应器用加热带和保温棉整体包裹,温度控制在中温反应条件35±2℃。

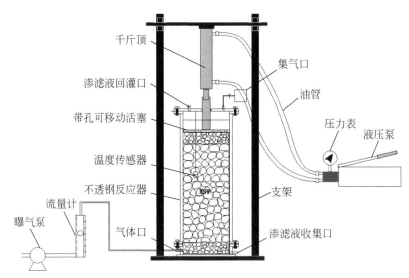

图 6-1　实验装置示意图

各个模拟反应柱体操作如表 6-1 所示。曝气量是 600mL/min，曝气频率根据垃圾氧气损耗情况逐渐进行调整，即由最初曝气频率 2 次/d、2h/次（1~9d），逐渐减小为 1 次/d、2h/次（10~13d），1 次/d、1h/次（14~27d）直至曝气停止。在曝气阶段每天对渗滤液进行原液回灌：300mL/（次·d）。待反应器渗滤液 pH 达到 6 及以上时停止下层曝气，反应器转为厌氧反应器运行。在填埋第 114d，均开始了渗滤液回灌，待反应器产甲烷浓度与甲烷日产量达到预设目标时，对填埋垃圾进行加压处理（42kPa）。

表 6-1　各反应器操作参数

反应器	排出渗滤液/d	加压时间	加压前、后垃圾沉降量/%	回灌时间/d	结束/d
C1	28~113、190~193	第 57d	25、66	1~27、114~189	193
C2	33~113、162~193	第 163d	20、65	1~32、114~159	193

6.1.2　气液迁移

图 6-2 表示了两组反应器的渗滤液产生情况。C1 在加压后渗滤液被上部砾石层挤出并截流，出现水位壅高，但 C2 在整个实验过程中没有出现水位壅高。

图 6-2（a）对比了 C1 和第 5 章实验渗滤液水位雍高的情况。C1 在加压后 67d 出现水位雍高现象，雍高水量逐渐增多至峰值 494mL，随后又逐渐降低，直到 99d 水位雍高现象完全消失。在第 5 章的实验中，加压后立刻水位雍高，雍高量为 1138mL，且在压力长期作用下雍高水量逐渐增大。实验结果表明，双向导排系统能促进渗滤液排出，有助于缓解并消除渗滤液水位雍高态势。

C1 在加压后紧接着的 31d 之内出现了渗滤液被上层砾石截流的情况，渗滤液水位逐渐上升再保持恒定最后再下降，而 C2 反应器未出现渗滤液被截留的现象。C1 渗滤液水位雍高主要是由于作用在垃圾体上的总应力突然增大（42kPa 垂直应力），压力作用使垃圾体发生颗粒畸变、弯曲、破碎、定向重组等物理压缩及错动从而导致沉降发生，垃圾体被压缩，压缩后的垃圾孔隙减少，持水率低，渗透系数骤降，渗滤液被挤出。

C1、C2 的渗滤液产生量随时间变化如图 6-2（b）和图 6-2（c）所示。C1、C2 在进行渗滤液回灌操作前，渗滤液累积产生量分别为 3306mL 和 1736mL，C1 的渗滤液累积排放量几近于 C2 的两倍，表明压力能促进渗滤液大量产生。C2 排出的渗滤液相对较少的原因是 C2 多曝气 1 周，垃圾下层曝气气体的向上运移作用能带动水分往上迁移，同时曝气作用本身会消耗一定量的水分。实验组 C2 在进行渗滤液回灌前一直未施加压力，因而其渗滤液累积排放量一直远低于 C1。实验数据表明提前加压促使渗滤液排放，原因是在反应后期垃圾降解程度高产生气体多，气体由于自身浮力会带动一部分水分向上迁移。

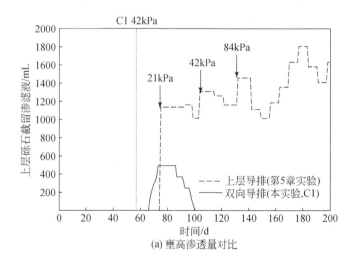

(a) 雍高渗透量对比

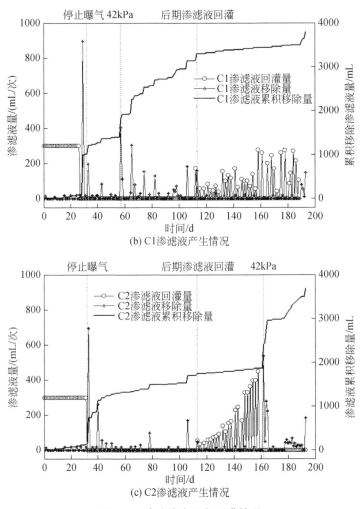

图 6-2   渗滤液产生与回灌情况

图 6-2 可以看出，C1、C2 自 115d 进行渗滤液回灌操作后，渗滤液产量日益增长，尤其是 C2 增长现象最为明显，从 114d 的 55mL 增加至 159d 的 451mL。C2 回灌后渗滤液产量增长现象明显一方面是由于 C2 气体产量远高于 C1，气体持续产生并向下或向上运移会促进孔隙通道打开并扩大，另一方面随着回灌时间和次数的增多，回灌影响区域扩大，二者都有助于回灌量的增大。

6.1.3 渗滤液性质

（1）渗滤液 pH 和 COD

图 6-3 表示的是 C1、C2 垃圾柱 COD 和 pH 随时间的变化趋势。在初期，渗滤液的 COD 浓度逐渐上升，升至约 70 000mg/L，pH 也上升到 6 左右波动。在 114d 开始渗滤液回灌以后，二者的 pH 有略微波动，呈现先减小后升高趋势，而 COD 变化不明显。C2 在回灌前 pH 有所增大，COD 变化不明显，但回灌后明显看出 COD 开始降低并持续下降。C2 在 163d 加压后，COD 和 pH 都有所波动，但幅度不大，很快又趋于之前的变化水平。实验结果说明，加压和回灌对渗滤液性质有较大影响。

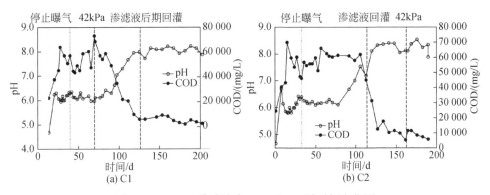

图 6-3 C1、C2 渗滤液中 COD 和 pH 随时间变化图

（2）渗滤液 VS 和 TS 变化

如图 6-4 所示，垃圾渗滤液中总固体（TS）含量与挥发性固体（VS）含量的变化趋势基本相同，随着垃圾降解和渗滤液排出，二者均呈现先升高再逐渐降低的趋势。TS 分别从水解后的峰值约 5% 降低至 0.6% 和 0.9%，VS 分别从水解后的峰值约 3% 降低至 0.3% 和 0.5%。随后渗滤液中的 TS 和 VS 含量均逐渐减小，其中 VS 约占 TS 的 50%~80%。

在反应初期，C1 和 C2 渗滤液中 VS/TS 值比较接近，在 60%~70% 波动。但 C1 在加压后 VS/TS 值从 59% 迅速增大至峰值 94%（1.6 倍）；而 C2 未加压，其 VS/TS 值随着垃圾的有机降解逐渐降低至 50%；在 114d 开始回灌后，C1、C2 的 VS/TS 值分别从 40% 和 50% 增至 80%。VS/TS 值在渗滤液原液回灌后增长是由于回灌可以增加微生物、垃圾和渗滤液三者之间的接触机会，促进物质间交换运输，加速有机物水解，并使得更多有机物溶解出来。且双向导排系统能使渗滤液顺利排出，垃圾颗粒流失，垃圾体内形成比较贯通的水流通道，促进填埋气往下迁移。在163d加压时，C2渗滤液中VS/TS值也从50%增加到80%（1.4倍），数据表明加压能促进垃圾破碎分解，增大有机质含量。

压实和有机降解改变垃圾体颗粒粒径大小和分布，同时双向导排使得渗滤液排出较为顺利，在回灌前后垃圾体中的渗滤液可视作渗流。渗流作用使得细垃圾颗粒在粗垃圾颗粒形成的骨架中移动流失，且沿渗流方向的渗流孔隙水压力使得孔隙变大，渗流速度增加，较粗颗粒继续被带走，土体中形成比较贯通的水流通道，有利于填埋气的及时排出。

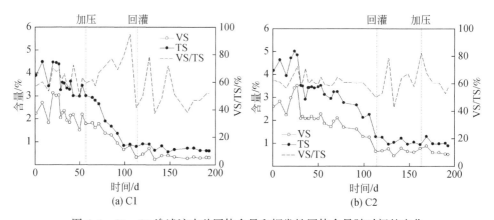

图6-4 C1、C2渗滤液中总固体含量和挥发性固体含量随时间的变化

6.1.4 填埋气产生

（1）填埋气组分含量

图6-5是填埋气中甲烷和二氧化碳浓度随时间的变化情况，在停止曝气后，C1和C2中垃圾快速进入产甲烷阶段，产甲烷能力快速增加。在46d，C1和C2甲烷浓度均达到了60%，之后略有波动，其中C1在加压后甲烷浓度增大至70%。二氧化碳浓度在曝气期间从最初的峰值50%逐渐降低至20%以下，而停止曝气后，二氧化碳浓度再次增加，之后保持在30%~40%波动。

（2）填埋气日产量及迁移方向

图6-6描述了两组反应器中填埋气的产生及迁移情况。在加压前，填埋气均往上迁移从上层排气孔排出，加压操作后，各个反应器填埋气出现不同程度的往

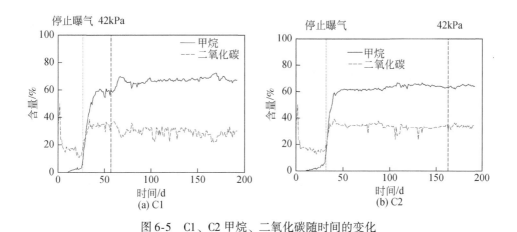

图6-5 C1、C2甲烷、二氧化碳随时间的变化

下迁移的现象。在57d加压后，C1中填埋气体产量因为底物浓度和质量传递速率增加而迅速增加，在66d达到峰值7.12L/d。之后C1填埋气开始持续往下迁移并逐渐增多，直到85d下层移出的填埋气超过上层移出的填埋气。C1在渗滤液水位壅高的时间段内，由于截水层的阻隔，气体迁移的通道不连续，向上迁移的气体最终都是以泡状流的形式逸出。

针对C2反应器，进行了渗滤液回灌后再施加42kPa压力的操作。C2在163d加压后，填埋气均立刻往下迁移，所有填埋气均从底层排气孔排出。表明渗滤液回灌促使孔隙通道打开，对比顶层垃圾体阻力过大的情况，填埋气随渗滤液重力作用向下排出的孔隙通道向下迁移将具有更小的阻力，促进填埋气在加压后往下迁移。

C1、C2在加压后的一段时间内，每日底部气体收集袋中出现40~70mL不等的渗滤液，说明填埋气在向下运移过程中会携带一定量的渗滤液向下移动。在填埋场实际观测中也出现过在渗滤液截流沟有大量气泡自渗滤液中冒出的现象。

C1在加压后填埋气产量迅速增多，而往上迁移的气体产量增大到一定程度时会促使上部的孔隙通道打开并连续，使得部分渗滤液往上移动，出现水位壅高现象。随着C1气体往下迁移且当向下迁移的气体量超过向上迁移的气体量时，壅高水位也逐渐降低并消散。实验结果说明填埋气的产量及迁移对渗滤液迁移作用强烈。而C2回灌后加压，填埋气直接全部向下迁移，一方面是由于渗滤液回灌加速了垃圾有机降解，增加了产气量；另一方面渗滤液回灌能促使垃圾内部孤立的、封闭的孔隙空间变为相对连续的孔隙通道，促进填埋气向底层扩散逸出。此外，对比C1与C2渗滤液后期回灌时填埋气产量和渗滤液产量，C2产气量明显高于 C1，且 C2 渗滤液产量增长程度也远高于 C1，表明渗滤液对填埋气迁移作用明显。

在实际填埋场中，在底部添加导气口，将在一定程度上打通孔隙通道，避免渗滤液滞水现象，并促进渗滤液向下导排。另一方面，填埋气在加压过后气体会转变迁移路径由上层排出变为从下层排出或双向同时排气，如果不导气及时，填埋气在垃圾体内聚集也会影响填埋体的稳定性。

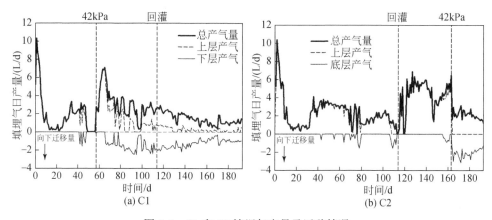

图 6-6　C1 和 C2 填埋气产量及迁移情况

6.1.5　垃圾理化性质

（1）垃圾沉降

图 6-7 是 C1 和 C2 反应器中垃圾沉降随时间变化情况。在填埋初期刚装填的前几天，填埋垃圾均出现较大的沉降。随着 C1 在第 57d 加压，其沉降量从 24% 迅速升至 66%，随后增长缓慢，实验结束时其沉降量为 70%。C2 在 163d 加压，沉降量从 20% 立即增至 65%，之后随着恒定 42kPa 压力的持续施加，其沉降量渐渐增大，在实验结束时达到 69%，与 C1 相似。实验的沉降主要还处于初压缩沉降阶段（前期）和主压缩沉降阶段（加压后）。

（2）垃圾含水率

实验过程中垃圾含水率变化如图 6-8 所示。反应初期，各个填埋柱体含水率在 55% 左右，C1、C2 在自身压力作用下因渗滤液排出含水率减少了 5% 左右。压力作用下，各个反应器水分流失速度快，含水率均骤降。压力作用使垃圾体发生颗粒畸变、弯曲、破碎、定向重组等物理压缩及错动导致沉降发生，压实沉降

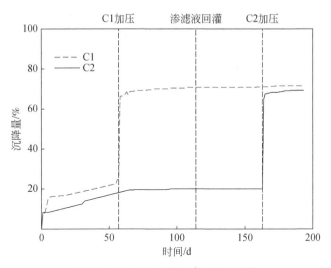

图 6-7 C1、C2 垃圾沉降随时间变化

后的垃圾持水率降低，水分被挤出。C1 由于出现水位壅高而后逐渐消散的现象，因此加压后含水率呈现了先降低后升高的趋势。整体而言，在压力的长期作用下，各个填埋柱体的含水率逐渐降低，最终稳定在30%～40%，该计算结果与降解后的垃圾样品测得的含水率一致。

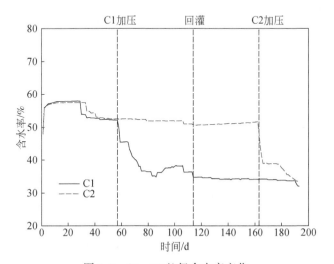

图 6-8 C1、C2 垃圾含水率变化

（3）孔隙率和饱和度

在压力作用下，填埋垃圾体的孔隙率（n）和饱和度（S）均有大幅改变，如图 6-9 所示。实验初期，C1 填埋垃圾的 n 约为 0.78（孔隙比 e 大于 3），压力作用使得 n 降至 0.5（e 约为 1），降低了约 28%。C2 因为回灌作用孔隙率变化与 C1 反应器有所不同，加压前后 n 分别为 0.8 和 0.57。孔隙比减小，垃圾土体的渗透系数也将减小，导致垃圾体持水率低，填埋场能容纳的渗滤液量减少，水分挤出且容易出现水位壅高。在第 5 章实验中，垃圾在 84kPa 作用下孔隙率从 0.8 降低至 0.4，降低了 50%，说明在更大的压力作用下，孔隙度降低程度多，且导排不畅（底部渗滤液排放口关闭）情况下，水位壅高出现机会更大。一般而言，随着应力增大、埋深增加，孔隙率减小，渗透系数减小，垃圾饱和渗透系数较小时，垃圾体内也容易形成局部滞水。

在加压后，C1 的饱和度从 30% 左右升高至最大值 140%，随着渗滤液移除饱和度逐渐降低，C1 降低至渗滤液原液回灌前的 90%；C2 的饱和度加压后仅增至 80%，之后饱和度略微降低，保持在 60%~70%。

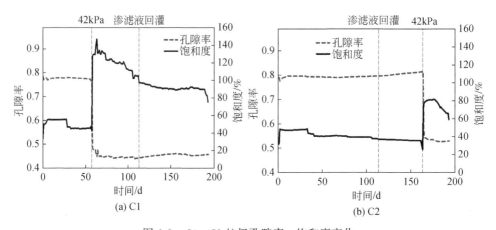

图 6-9　C1、C2 垃圾孔隙率、饱和度变化

一般而言，当饱和度高于 80% 时，液相连续，气相非连续，气体处在气封闭状态下，液相连续也会产生较大的静水压力，液体容易出现渗滤液水头较高，填埋气也只能以气泡流方式溢出，如果此时填埋气体在垃圾体底部产生又没有底部导气出口，溶液缺乏足够的压力向上溢出，从而被封闭在垃圾体底部。饱和度越高越能促进渗滤液产生，在饱和垃圾体孔隙中充满水。饱和度增加将导致垃圾土黏聚力及抗剪强度减小，后若不及时控制，容易造成垃圾堆体滑坡等事故。

（4）分层垃圾性质对比

图 6-10 是降解后的分层填埋垃圾样品挥发性固体（VS）含量和比重（G_s）数据图。分层垃圾样品在测定挥发性固体含量时去除了塑料、玻璃、金属等难降解成分，因此挥发性固体含量能直接反应各层垃圾的降解程度，而比重测量计算包括了塑料、玻璃、金属等难降解成分，其数值能准确反应垃圾的密实程度。

C1 和 C2 垃圾样品中 VS 含量从上层到下层均逐渐增大。C1 和 C2 垃圾样品中的 VS 含量分别约为 0.32 和 0.24，与新鲜垃圾 VS 值为 43% 相比，分别降低 25.6% 和 44.2%，表明 C2 反应器中垃圾的有机降解程度更高。

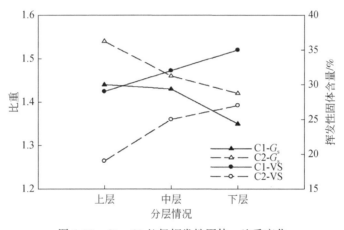

图 6-10　C1、C2 垃圾挥发性固体、比重变化

降解后的 C1 和 C2 垃圾样品 G_s 分别为 1.41 和 1.47，与初始新鲜垃圾（1.31）相比，分别升高 7.6% 和 10.9%。同时，而 G_s 值从上层到下层均逐渐减小，说明上层垃圾有机降解程度更高。降解后的垃圾中大多成分为塑料、玻璃和金属等片状物体，这将导致孔隙间有效连通的渗透路径减少。垃圾体的渗透性与垃圾有机降解程度密切相关，降解程度越高，垃圾渗透性越低。因而推测本实验中上层垃圾渗透性小于下层垃圾渗透性，这也将促进渗滤液导排和填埋气向下迁移。

图 6-11 显示了分层垃圾样品的含水率。总的来说，顶层含水率均略小于底层含水率，由于顶层垃圾有机降解更多，而在相同应力条件下，有机降解越多，垃圾持水率越低。结合上述降解后的分层垃圾比重、挥发性固体含量以及含水率数据，可以看出在本实验中垃圾体各层有不均匀降解，可以造成各层垃圾渗透性不同。

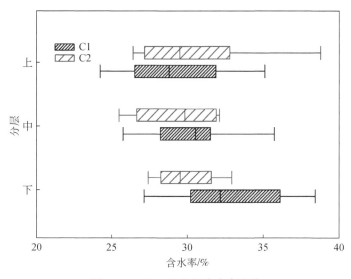

图 6-11　C1、C2 垃圾含水率变化

第 4 章阐述了压实使得孔隙水气压力难以释放，容易形成水位壅高且不易消散，同时气体以气泡流往上迁移。在本章中，C1 在压实后出现短暂渗滤液水位壅高现象，随着产生的填埋气往下迁移，壅高水位逐渐消散；先回灌后的 C2 反应器在加压后未出现水位壅高现象，且填埋气立刻往下迁移排出。在压力作用下，垃圾体液相饱和度增加，气体渗透系数低，一定程度上阻隔填埋气迁移，特别是排水不畅、水位壅高或上层滞水的状态下。上下同时导气系统中的底部排气口为填埋气提供了一条更易排出的通道，气体通常会向下迁移出去，降低孔隙水气压力，并且缓解渗滤液水位壅高现象。

C1 在加压后填埋气产量迅速增多，而往上迁移的气体产量增大到一定程度时会促使上部的孔隙通道打开并连续，使得部分渗滤液往上移动，出现水位壅高现象。随着 C1 气体往下迁移且当向下迁移的气体量超过向上迁移的气体量时，壅高水位也逐渐降低并消散。

填埋气的产量及迁移对渗滤液迁移起着很重要的作用。C2 回灌后加压，填埋气直接全部向下迁移并未经历如 C1 长达 10d 的填埋气向下迁移准备阶段。一方面是由于渗滤液回灌能加速垃圾有机降解，增加产气量；另一方面渗滤液回灌能促使垃圾内部孤立的、封闭的孔隙空间变为相对连续的孔隙通道，促进填埋气向底层扩散逸出。此外，对比 C1 与 C2 渗滤液后期回灌时填埋气产量和渗滤液产量，C2 产气量明显高于 C1，且 C2 渗滤液产量增长程度也远高于 C1，表明渗滤液对填埋气迁移作用明显。

6.2　双向导排作用机理分析

由于填埋场的气液导排不畅，水分空间分布不均，导致了基质的传递效率低下（基质主要通过对流及扩散等方式进行传递，液体的导排不畅，使得溶解在液体中的基质通过对流的传递很弱，水分空间分布不均，使得基质的扩散传递较弱），填埋场部分区域因基质不能及时地传递到微生物活跃的区域而使得产甲烷的潜力受到限制。

因此，可以通过改变气液的迁移、水分的空间分布以及增大渗滤液的流动等条件来提高基质的传递效率，增强微生物的活性，从而加速垃圾的降解。通过对比在加压及回灌条件下双向与单向导气的反应器内产气速率、酶活性及微生物群落等指标的变化，讨论不同导气系统对垃圾降解的影响，进而分析双向导排的作用机理。

6.2.1　系统设计

采用与第5章（图5-3）相同的生物反应器，分别命名为T2和BT2，图6-12展示了反应器与加压装置实图。为了缩短垃圾酸化的时间，快速地达到产甲烷阶段，实验初期对各个反应器进行渗滤液回灌及曝气预处理，曝气速率由转子流量计控制在600mL/min，频率为2次/d，5h/次，日曝气量为360L/d。在反应的55d、62d、69d和76d施加42kPa的压力，该压力是模拟实际填埋场中约6m深位置填埋垃圾自身重力造成的压缩。BT2与T2在119d开始第二次回灌，T2反应器在182d打开下方的导气口，由单向的导气系统改为双向的导气系统。各个反应器的主要操作过程如表6-2所示。

表6-2　各反应器的操作过程

反应器	曝气处理/d	开始加压时间	预设加压后垃圾孔隙比	回灌时间/d	结束时间/d
BT2	1~14	第55d、62d、69d、76d	2.0、1.5、1.2、1.0	1~21，119~270	270
T2	1~14		2.0、1.5、1.2、1.0	1~21，119~270	270

图 6-12　反应器与加压装置实图

6.2.2　填埋气产生

在曝气的初期，两个反应器产生了大量的气体（图 6-13），在曝气的第一天，两个反应器的气体产生速率分别达到了 13L/d、15L/d。此后，产气速率逐渐降低。随着反应器中产甲烷菌的活性不断增强，产气速率也逐渐增大。至加压结束后，BT2 的产气速率继续增大，而 T2 的产气速率在加压之后逐渐减小，其

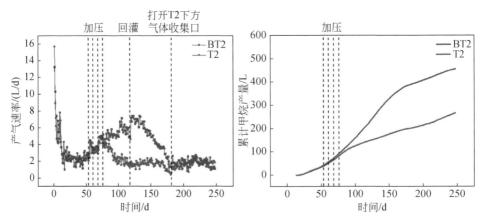

图 6-13　反应器产气速率与累计甲烷产量

原因可能是加压之后，BT2 的含水率相对于 T2 较高。含水率是影响垃圾降解的重要因素之一，水分不仅是水解的基质，而且提高微生物生长速率，促进酶与基质的接触、酶活性等，从而导致 BT2 反应器产气速率提高。

在 119d 对两个反应器进行了回灌，回灌之后 BT2 的产气速率迅速地从 4.7L/d 增加到 7.2L/d，而反应器 T2 中的产气速率在 2L/d 左右波动。回灌对 BT2 的产气产生了影响，而对 T2 的产气几乎没有影响，其原因可能是因为，BT2 的双向气体导排系统有利于回灌的渗滤液更加通畅的从顶部向下流动，而在仅仅上面导气的 T2 反应器中，渗滤液产生量及渗滤液的流动都较弱。

在 182d 打开 T2 反应器的下方导气口之后，T2 反应器由单向导排也变成双向导气的方式。T2 反应器的产气速率出现了回升，从 181d 的 0.6L/d 增长到 182d 的 1.3L/d，此后产气速率并逐渐增长到 2L/d 左右。打开下方的导气口，T2 反应器垃圾体内气体压力减小，淤积在垃圾上面的渗滤液流入了垃圾体内，一方面渗滤液的流动使得有机质的传递更加迅速，另一方面渗滤液进入垃圾体内部导致含水率增加，含水率的增加使得基质的扩散传递增加。转变 T2 的导排方式（从单向到双向）增加了产气速率，因为该操作影响渗滤液的流动以及含水率，从而改变了产气速率。

BT2 与 T2 反应器的产气速率不一致，导致了两个反应器的累计产甲烷速率具有较大差异。到反应的 247d，BT2 中累计产甲烷量 455.8L，T2 反应器中累计产甲烷量 267.4L，BT2 的总产气量比 T2 反应器高了 70% 左右。在整个过程中 BT2 与 T2 反应器中的气体组分浓度变化差别不大，甲烷浓度从 50d 起一直在 60% 左右波动，而二氧化碳的浓度在 35% 左右波动。

6.2.3 水解酶活性

淀粉酶和脂肪酶活性变化的情况如图 6-14 所示，从图中可以看出加压、回灌对 BT2 与 T2 反应器中酶活性的影响。加压之后，脂肪酶活性及淀粉酶活性在 BT2 和 T2 中均出现了增大。接触面积是影响水解速率的关键因素，有很多水解酶的活性是由基质所引导的，基质的可及性越高，酶活性越高。增加接触面积可以增强基质可及性、厌氧发酵的效率在很多研究中已经被报道。在本实验中，加压之后垃圾间的空隙体积减小，单位体积内的水位、饱和度增大，基质与微生物的接触面积增大，因此水解酶的活性、COD、VFA 浓度增大，日产气量增加。可以发现，不同的导气系统条件下，加压对反应器内垃圾水解的影响相似，加压均可以促进了 BT2 与 T2 中垃圾的水解。

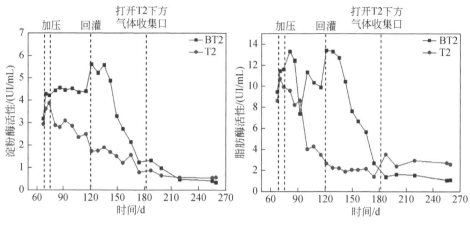

图 6-14　BT2 与 T2 反应器淀粉酶、脂肪酶活性变化

回灌对 BT2 与 T2 反应器中酶活性的影响有所区别。对于 BT2 反应器，回灌使得淀粉酶和脂肪酶活性分别提高了 35.1% 与 27.5%。在厌氧消化中不同的操作（回灌，混合等）可以增加水解酶活性、增强有机质的水解和酸化。然而 T2 反应器在回灌之后，淀粉酶与脂肪酶的活性延续了之前下降的趋势，并没有出现活性的增大。其原因可能是 BT2 反应器的渗滤液产生量大于 T2 反应器，造成 BT2 中渗滤液的回灌量大于 T2。在本实验中，不同的气体导排系统的反应器可以影响渗滤液的产生量，从而使得回灌对水解的影响效果不一样。双向气体导排的 BT2 反应器因为气液之间的迁移形成了双向顺流，拥有了较大的渗滤液产生量及回灌量，使得 BT2 中回灌对水解，酸化的促进作用更明显。而仅仅单向导气的 T2 反应器因为气液迁移之间形成双向逆流，渗滤液向下迁移受到垃圾体内部较大气压的阻碍，渗滤液的产生量及回灌量都非常小，因此在 T2 反应器中并未观察到回灌对水解酸化过程的促进作用。

6.2.4　垃圾降解效率

BT2 与 T2 的降解度如图 6-15 所示，因为初始对两个反应器进行了曝气操作，降解速率很高，到 15d 结束曝气时，BT2 与 T2 的降解度分别为 25.9%，22.4%。76d 结束加压时，BT2 与 T2 的降解度分别为 35.2%，31.2%，两者降解度的差别为 4%，到 182d T2 反应器打开下方导气口，BT2 与 T2 的降解度分别

52.1%，38.0%，两者降解度的差别增大到14.1%。说明这段时间内，BT2反应器的降解速率大于T2反应器。其原因如本章分析，因为两个反应器加压之后，BT2反应器的含水率、饱和度，以及酶活性等指标较T2反应器高，在这种条件下BT2中微生物的产气活动更强，因此使得BT2的降解速率更快，从而导致了BT2与T2的降解度差别由72d的4%增大到182d的14.1%。

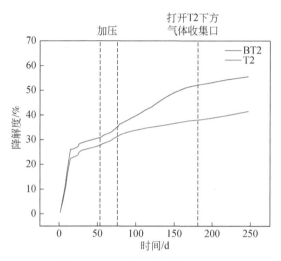

图6-15　BT2与T2的降解度变化

到结束反应时的247d，BT2与T2的降解度分别为55.4%，41.4%，两个反应器降解度差别为14%，相比于182d时两者降解度差别14.1%几乎没有发生变化，说明在这一阶段，两个反应器的降解速率差别很小。主要原因一方面是因为BT2反应器的降解度已经较高，反应器内易降解的有机质被大量的消耗，BT2的降解速率后期有所下降；另一方面T2反应器因为打开了下方的导气口，反应器内部的气压得到了有效的缓解，淤积在垃圾体上面的渗滤液顺利地进入了垃圾体内部，垃圾的含水率、饱和度、渗滤液产量以及脂肪酶活性都有一定程度的增加，从而使得T2反应器的产气速率有所提高，182d后两个反应器的产气速率大小较为接近，都在2L/d左右波动，因此BT2与T2在182d之后的降解速率相似，降解度的差别几乎没有发生变化。

通过碳质量守恒所计算实验结束时渗滤液，气体与固体中的VS质量占最初总VS质量的百分比（图6-16），BT2与T2反应器产生气体所消耗VS占实验初期总VS的百分比分别为66.7%，49.3%，残留在垃圾固体中的VS分别占28.7%与46.8%。采用双向气体导排的BT2反应器相比于单向气体导排的T2反应器残余在固体中的有机物更少，以气体形式降解的有机物更多，这也说明了双向气体导排提高了垃圾的降解，其原因在前面章节已经提到，双向气体导排反应器内垃圾保持了更高的含水率与饱和度，使得基质传递与水解速率高于单向导排反应器，因此，双向气体导排反应器获得了更高的降解度。

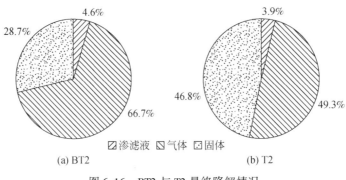

图 6-16　BT2 与 T2 最终降解情况

6.3　本 章 小 结

　　本章通过改变双向气体导排垃圾填埋反应器的渗滤液回灌和加压操作工艺，研究不同操作对填埋系统运行的影响，分析了双向导排对垃圾降解的影响机理。双向导排系统在不同加压和渗滤液回灌操作条件下均能对气液两相迁移产生重要影响，且填埋气和渗滤液相互作用能促使孔隙通道打开并连续，有助于填埋气向下迁移。同时，回灌促进填埋气产生，填埋气的增加和排出也有助于孔隙通道扩大并近一步促进渗滤液产生和移除。填埋气双向导排系统实现了填埋气和渗滤液迁移相互促进的良性循环。双向导排也促进了垃圾的生物降解，其主要机理为：气体导排系统影响含水率、饱和度以及渗滤液的迁移，通过渗滤液的产生与流动促进了有机质与酶的传递，增强酶活性进而促进有机质的降解并增加填埋气的产量，同时优化了微生物群落。因此在实际填埋场中如果将渗滤液回灌和双向气体导排系统相结合，将有效地促进填埋场的降解，缩短填埋场稳定化的时间，对于实际填埋场中气液导排系统的设计具有重要的意义。

参 考 文 献

冯世进，郑奇腾 . 2015. 分层填埋场竖井及水平井联合抽气 ［J］. 同济大学学报（自然科学版），43（4）：536-541.

刘建国，刘意立．2017. 我国生活垃圾填埋场渗滤液积累成因及控制对策［J］. 环境保护，45（20）：20-23.

施建勇，赵义．2015. 气体压力和孔隙对垃圾土体气体渗透系数影响的研究［J］. 岩土工程学报，5（4）：586-593.

秦杰．2019. 双向气体导排对填埋场气压及生物降解的影响研究［D］. 北京：北京大学硕士学位论文．

Chen Y M, Zhan L T, Wei H Y, et al. 2009. Aging and compressibility of municipal solid wastes ［J］. Waste Management, 29：86-95.

Feng S, Zheng Q, Xie H. 2015. A model for gas pressure in layered landfills with horizontal gas collection systems ［J］. Computers and Geotechnics, 68：117-127.

Jiang J, Yang Y, Yang S, et al. 2010. Effects of leachate accumulation on landfill stability in humid regions of China ［J］. Waste Management, 30：848-855.

Koelsch F, Fricke K, Mahler C, et al. 1995. Stability of landfills- the bandung dumpsite desaster ［J］. Waste Management Research, 3：12-19.

Peng R, Hou Y, Zhan L, et al. 2016. Back- analyses of landfill instability induced by high water level：case study of Shenzhen landfill ［J］. Environmental Research and Public Health, 13：126-133.

Rowe R K, Yu Y. 2012. Clogging of finger drain systems in MSW landfills ［J］. Waste Management, 32：2342-2352.

Townsend T G, WiseW R, Jain P. 2005. One-dimensional gas flow model for horizontal gas collection systems at municipal solid waste landfills ［J］. Journal of Environmental Engineering, 131（12）：1716-1723.

Vangulck J F, Rowe R K. 2004. Influence of landfill leachate suspended solids on clog（biorock）formation ［J］. Waste Management, 24：723-738.

Xu Q Y, Qin J, Ko J H. 2019. Municipal Solid Waste landfill performance with different biogas collection practices：biogas and leachate generations ［J］. Journal of Cleaner Production, 222：446-454.

Xu Q Y, Qin J, Yuan T, et al. 2020. Extracellular enzyme and microbial activity in MSW landfills with different gas collection and leachate treatment ［J］. Chemosphere, 250：126264.

Zhan L T , Xiao B X, Yun M C, et al. 2015. Dependence of gas collection efficiency on leachate level at wet municipal solid waste landfills and its improvement methods in China ［J］. Geotechnical and Geoenvironmental Engineering, 141（4）：4015002. 1-4015002. 11.

Zhang W, Zhang G, Chen Y. 2013. Analyses on a high leachate mound in a landfill of municipal solid waste in China ［J］. Environmental Earth Sciences, 70（4）：1747-1752.

第7章 | 渗滤液收集系统结垢及防治技术

　　我国生活垃圾处理方式正在由填埋向焚烧转变。焚烧处理占地少、效率高，但也产生了大量副产物，其中炉渣产量可达到焚烧垃圾质量的 20% ~ 25%。虽然炉渣可被回收利用为建筑材料，但由于需要预处理，同时对所使用的环境有限制，其安全和环境污染问题仍需要研究。目前我国炉渣主要的处理方式是进入生活垃圾填埋场进行混填。炉渣混填对渗滤液性质、重金属释放和气体排放等方面的影响已获得广泛关注。另一方面，炉渣混填对填埋场渗滤液收集系统也存在影响。渗滤液收集系统通常存在结垢现象，土工布和导排管道被充填造成其孔隙变小甚至堵塞，致使导流功能受阻。结垢严重时可导致渗滤液水位壅高、边坡稳定性降低、周边环境污染等问题。炉渣中含有大量碱金属，其中钙是主要成分，一旦被释放到液相中会加剧渗滤液收集系统结垢堵塞的风险。因此本章分析了炉渣混填对土工布结垢的影响，并探究氧化石墨烯改性土工布抑制生物结垢的作用。

7.1 渗滤液收集系统结垢

7.1.1 渗滤液收集系统

　　渗滤液收集系统的主要功能是收集填埋库区内产生的渗滤液，并将其输送到集水池、调节池，最后进入渗滤液处理系统，主要包括渗滤液导流层、盲沟、渗滤液收集管网和渗滤液排出系统。该系统应能有效地收集和导排汇集于垃圾填埋场场底和边坡防渗层以上的渗滤液，防止因渗滤液水头升高而增大对防渗层的压力，并能防止淤堵，不对防渗层造成破坏。

　　导流层一般选用卵石或砾石等作为填充材料。铺设时须覆盖整个填埋场底部的防渗层，按上细下粗铺设。为防止填埋垃圾堵塞，可在导流层和垃圾层间设置天然或人工滤网。在四周边坡上宜采用土工复合排水网作为排水材料。

盲沟设置在导流层底部，并贯穿整个场底。排水材料同样采用卵石或砾石，按上粗下细铺设。沟内铺设排水管材。此外，盲沟还应用土工布包裹，以防止穿孔管堵塞。一个填埋单元底部往往同时布置多条盲沟，盲沟间距的选取与防渗层上允许的渗滤液水头、渗滤液流入通量、排水材料渗透系数以及防渗层坡度有关。一般而言，当其他参数保持不变时，盲沟间距越小，防渗层上水头越小。

渗滤液收集管可分为干管和支管，分别铺设在盲沟的主沟和支沟中。渗滤液收集管多采用高密度聚乙烯（HDPE）材质管材，管道需预先制孔。渗滤液排出系统主要由集液井和提升泵组成。渗滤液经收集管网收集后汇集至集液井中，而后再由提升泵抽送至渗滤液调节池中。集液井多在垃圾坝前低洼处的下凹形成，其容积视对应的填埋单元面积而定。

7.1.2 结垢机理

通过实地和实验室对填埋场结垢物的成分进行分析（表 7-1），钙元素的含量达到 $9.38\% \sim 38\%$，Ca^{2+} 与 CO_3^{2-} 的比值在 $0.47 \sim 0.71$，可见结垢物中主要化学成分是 $CaCO_3$，同时还有一小部分其他沉淀物。对深圳市下坪垃圾填埋场渗滤液排污管道结垢物的一项研究发现，结垢物中 $CaCO_3$ 占到 90% 左右，分析了造成结垢的直接原因是渗滤液总硬度过高。

影响填埋场渗滤液收集导排效率的主要因素是土工布的过滤性能。研究表明，土工布过滤性能不仅与其材料本身有关，还与其所在的填埋场环境有关。土工布长期与填埋场渗滤液接触，其性能常因一些物理、化学或生物反应而被损坏。甚至有很多时候，土工布本身虽然未受损坏，但是其过滤性能也可能会因一些结垢物的堵塞而显著降低。这种结垢堵塞的形成可能由物理、化学或生物过程引起。

物理结垢是由于填埋场细颗粒物在土工布表面或土工布内部孔隙的积累，使土工布的有效孔隙度和孔隙网络互连性降低，从而降低了其过滤和排水效率。尽管土工布物理结垢会显著降低排水系统的水力性能，但它们的排水和过滤性能通常仍在可接受范围内。因为仅仅在物理结垢过程中，土工布的性质没有显著改变，虽然其表面或内部积累很多细颗粒物，但是土工布仍具有可接受的过滤和排水性能。

表 7-1 结垢物成分含量

序号	类型	地点	运行时间	Ca/%	CO_3^{2-}/%	Si/%	Mg/%	Fe/%
1	实地	德国	—	21	34	16	1	8
2	实验室	加拿大	—	24	50	3	1	3
3	实地	加拿大	4 年	20	30	21	5	2
4	实验室	加拿大	400 天	27	49	4	1	3
5	实验室	加拿大	265 天	24	50	3	1	4
6	实验室	加拿大	357 天	36	51	—	<1	<1
7	实验室	加拿大	20~60 月	9.38~13.60	14.10~31.90	15.60~19.60	1.69~3.06	1.21~2.46
8	实验室	加拿大	247~427 天	30.1~38	44.1~57.6	15.60~19.60	0.392~0.796	0.007~0.035
9	实验室	加拿大	6 年	25~29.7	45.7~51.2	0.43~2.19	2.20~4.06	3.80~5.10
10	实验室	加拿大	1720 天	27~32	48~52	—	1~5	1~2
11	实地	中国下坪填埋场	2 年	31.36	—	0.019	0.51	0.4

化学结垢是由于金属元素发生反应形成难溶的碳酸盐、硫酸盐等累积在土工布孔隙中,从而降低土工布的过滤性能。结垢物中主要化学成分是碳酸钙,同时还有一小部分其他沉淀物(亚硫酸盐、磷酸盐等)。渗滤液中可挥发性脂肪酸的降解提高了渗滤液的 pH 和碳酸盐含量,从而促进了碳酸钙沉淀的生成。根据实验室测量和微观尺度分析,土工布的化学结垢是影响其过滤性能的一个重要因素。

生物结垢是由于微生物从渗滤液中摄取营养物质进行生长增殖,并分泌大量胞外聚合物,使微生物之间相互粘连形成生物膜覆盖在土工布表面,从而降低土工布的过滤性能。这种生物膜的形成需要合适的温度、碱度和营养条件。微生物不能分解土工布以获得足够的营养物质,但是可以从土工布周围的渗滤液中获得大量有机物质,最终结垢堵塞土工布。生物结垢的发生一般经历以下阶段:微生物生长;胞外聚合物的产生,微生物粘连成膜;生物膜生长。很多学者指出了生物堵塞在渗滤液收集系统功能退化中的重要性,表明了这种类型的堵塞是渗滤液收集系统结垢的一个主要问题。

在填埋场中,渗滤液收集系统结垢通常是物理结垢、化学结垢和生物结垢相互作用的一个综合结果。例如,微生物对碳酸钙沉淀的形成具有催化作用(不考虑微生物代谢活动),微生物表面是由羧基、羟基、磷酸基组成,可与二价阳离子进行结合(如 Ca^{2+})。

目前，已有研究在结垢机理部分不够深入，主要是通过实地和反应器现象进行推断，对生物结垢研究部分大部分采用预测模型，缺乏对结垢机理系统的阐释和研究。关于物理、化学、生物结垢之间的关系研究仍处于起步阶段，需要对其进行深入解释。

7.1.3　常用防治方法

渗滤液收集系统结垢的现象不论是在填埋场设计方面还是管理方面都是不容忽视的实际问题。目前，针对渗滤液收集系统结垢防治，保证填埋场的正常运行主要考虑以下几个方面：管道设计优化；定期冲洗；添加阻垢剂降低渗滤液的总硬度；抑制微生物生长。

管道设计优化是在设计时充分考虑渗滤液导排管结垢的可能性，根据管道的实际最小流速，合理设计管径及坡度，避免出现 U 形排污管。研究发现管道在变径和拐弯处结垢现象较严重，所以在管路设计时应尽量避免管道变径、拐弯。同时进行定时冲洗，每隔一个月左右用清水将管道冲洗一遍，能得到很好的阻垢效果。因为在这样短的时间里结垢物厚度较薄，强度较低，结垢物处于松散状态。具体操作时，采用敲打管壁、短时间大流量冲洗的方法进行。

根据结垢机理分析渗滤液中高含量的总硬度和总碱度是造成结垢的主要原因。因此，降低硬度和碱度是解决结垢的可行方法。$CaCO_3$ 结垢实质上是一种结晶的过程，结晶是由过饱和、成核和晶体生长 3 个步骤形成的，可以添加阻垢剂影响结晶的 3 个步骤，来抑制 $CaCO_3$ 结垢的形成。在局部堵塞严重处可以添加酸性溶液使沉淀物迅速溶解。

微生物之间相互粘连形成生物膜覆盖在土工布表面形成结垢物是渗滤液收集系统结垢堵塞的重要原因，抑制土工布上微生物的生长能有效地减缓渗滤液收集系统结垢堵塞。目前出现在膜反应器中的工程纳米材料很多都具有抑菌性，有的还表现出亲水性和光催化氧化性。将工程纳米材料用于土工布上，可有效抑制微生物生长。工程纳米材料包括银纳米颗粒、二氧化钛纳米颗粒、氧化锌纳米颗粒、碳纳米管、富勒烯及其衍生物石墨烯、氧化石墨烯等。

目前，渗滤液收集系统结垢主要通过关注管道设计或机械方式以优化整个渗滤液收集系统进行处理。土工布生物结垢与污水处理中膜生物反应器中的生物膜结构类似，而目前已经存在多种对膜生物反应器材料的改性，因此对土工布性能进行类似的优化将是未来的研究热点，也是对防治结垢市场的补充。

7.2 炉渣混填对土工布结垢的影响

土工布常与其他防渗材料一起用于渗滤液收集系统，来隔离导排管道和垃圾层，避免垃圾层直接与砾石接触，具有分离、过滤、加固和排水保护等多种用途。研究表明，当土工布长期处于渗滤液过滤状态，并在表面吸附垃圾中的微生物，容易产生结垢现象。土工布结垢现象会导致土工布渗透效率降低，影响土工布过滤排水性能，进一步导致渗滤液收集系统无法收集渗滤液、渗滤液水压超过控制水平，最终影响填埋场的稳定性。

而炉渣中含有大量碱金属，其中钙为主要元素，占 50%~60%。炉渣进入填埋场后，会导致渗滤液中钙镁离子环境变化，从而影响土工布结垢情况，给渗滤液收集系统的结垢带来新的挑战和压力。因此研究炉渣与生活垃圾混填在不同渗滤液阶段对土工布结垢的影响，对保证填埋场正常运行、优化填埋场设计，具有十分重要的意义。

7.2.1 实验设计

构建模拟生活垃圾填埋场反应装置，采用人工填埋气，设计密闭土工布反应装置，定期更换气体，测定反应前后系统中气、液、固三相的各项性质指标变化情况，探索生活焚烧炉渣加入对土工布结垢的影响结果以及不同渗滤液阶段的影响机制，深入分析结垢的产生原因及类型。

模拟生活垃圾填埋场反应器中填埋 1125g 配制的生活垃圾，混合垃圾的比例参考深圳市典型的生活垃圾组分进行设置，包括 65% 餐厨垃圾、10% 纸类、10% 塑料、10% 沙土、4.5% 玻璃及 0.5% 的金属。整个反应器用加热带和保温棉整体包裹，在厌氧状态下运行，温度控制在中温反应条件 35±2℃。炉渣反应柱装入 125g 炉渣，上下接口处均用土工布隔开，防止炉渣颗粒物进入管道，造成堵塞，装置采用蠕动泵回灌装置，使炉渣与渗滤液充分接触反应。填埋后在 10d、80d、140d 和 200d 取用渗滤液 300mL，分别表示为阶段 Ⅰ、Ⅱ、Ⅲ 和 Ⅳ。

取出的渗滤液 120mL 作为对照组，180mL 渗滤液通过炉渣反应柱后，取 120mL 渗滤液用作实验组，空白组采用相同体积的超纯水。密闭土工布结垢反应器由密闭的血清瓶以及气袋构成，瓶口充分密封。土工布位于反应器底部，直径大小略小于瓶底内径，之后分别加入生活垃圾渗滤液、炉渣混填渗滤液以及超纯水，模拟土工布在填埋场底部被渗滤液浸泡的情况。反应器内共填充 40mL 过炉渣前后的渗滤液或超纯水，保证土工布能充分浸泡。反应器放入恒温培养箱中（35℃）培养，具体反应装置如图 7-1 所示。土工布结垢反应器总共运行 20d，保证反应器气密性，并连接 200mL 自制填埋气（50% CH_4、50% CO_2）气袋。每隔 2~3d，测定气袋气体体积及各组分含量的变化，并重新更换填埋气。在 10d、15d 和 20d 时对反应器中固体进行采样。

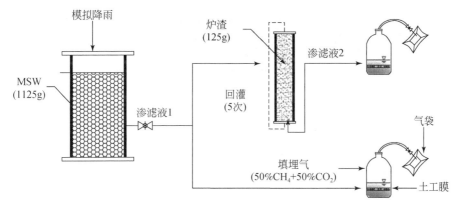

图 7-1　实验装置示意图

7.2.2　结垢形态及性质变化

图 7-2 反应了土工布在不同条件下的形态变化以及扫描电子显微镜（SEM）图像，直观反应土工布的变化情况。在超纯水浸泡的情况下（图 7-2（a）），土工布仍为白色，外表形态未发生任何变化。在生活垃圾渗滤液浸泡（图 7-2（b））的情况下，土工布外表颜色变成均匀的浅黄，而浸泡在炉渣混填渗滤液（图 7-2（c））中的土工布黄色深浅交错，有明显的深黄色结晶物析出，初步推断结晶物为 $CaCO_3$。SEM 图像从微观上反映了土工布形态变化情况。超纯水中的土工布仅显示出土工布本身的网状显微结构；而生活垃圾渗滤液与炉渣渗滤液中的土工布 SEM 图像中均可以看出土工布纤维上附着有不规则球状物质，且炉渣混填渗滤液中的附着面积更广，球状物质更大。土工布的初始质量为 0.58g，在生活垃圾渗滤液和炉渣混填渗滤液中浸泡反应后的质量分别变成 1.36g 和 1.80g，可知炉渣混填渗滤液中的结垢质量明显高于生活垃圾渗滤液中的结垢质量。

(a) 超纯水　　　　(b) 生活垃圾渗滤液　　　　(c) 炉渣混填渗滤液

图 7-2　土工布形态及 SEM 图

　　图 7-3 反应了渗滤液中钙离子含量变化和二氧化碳消耗量的变化，生活垃圾渗滤液中钙离子的初始浓度为 5231mg/L，而炉渣混填渗滤液中钙离子的初始浓度为 14 250mg/L。生活垃圾渗滤液和炉渣混填渗滤液中的钙离子一直处于下降趋势。在 20d，生活垃圾渗滤液中的钙离子下降到 4390mg/L，而炉渣混填渗滤液中钙离子下降到 10 480mg/L。生活垃圾渗滤液中钙离子的下降速率为 42mg/(L·d)，炉渣混填渗滤液中钙离子的下降速率为 188mg/(L·d)。炉渣混填渗滤液的下降速率远大于生活垃圾渗滤液的下降速率。与此同时，二氧化碳的消耗量呈上升趋

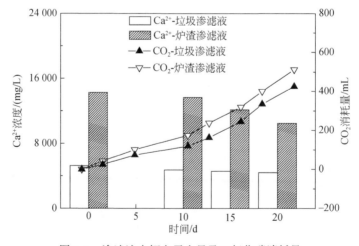

图 7-3　渗滤液中钙离子含量及二氧化碳消耗量

势，20d 时，生活垃圾渗滤液消耗 425mL 二氧化碳，炉渣混填渗滤液消耗 512mL CO_2。CO_2 的消耗速率为先慢后快。从钙离子和二氧化碳的消耗推测土工布上生成了 $CaCO_3$ 沉淀，且炉渣加入后，$CaCO_3$ 沉淀结垢现象更明显。

根据降低的钙离子质量计算得到在生活垃圾渗滤液和炉渣混填渗滤液中形成的碳酸钙沉淀质量分别为 0.14g 和 0.52g。进一步根据化学反应方程式（7-1）以及计算得到的反应钙离子质量，可推算得到生成化学沉淀碳酸钙所需要的二氧化碳含量，发现生活垃圾渗滤液和炉渣混填渗滤液形成碳酸钙沉淀所需的二氧化碳分别为 35mL 和 132mL，而实际二氧化碳的消耗量分别为 425mL 和 512mL，表明碳酸钙沉淀所需二氧化碳量远小于实际二氧化碳消耗量。因此消耗二氧化碳的途径不止化学结垢，在填埋场环境中自养型微生物的生长和形成生物膜均需要消耗二氧化碳，因此推断在土工布上同时发生了生物结垢。计算得到生活垃圾渗滤液和炉渣混填渗滤液中生物结垢的质量分别为 0.64g 和 0.70g。

$$Ca^{2+} + CO_3^{2-} \longrightarrow CaCO_3 \downarrow \tag{7-1}$$

7.2.3　结垢原因分析

土工布结垢主要是由生物结垢和化学结垢两方面因素造成。为了进一步验证生物结垢的存在，采用热重分析和荧光测试。热重分析能反映出物质随温度的变化，从而定性分析物质组成和物质含量。如图 7-4 所示，超纯水中的土工布在

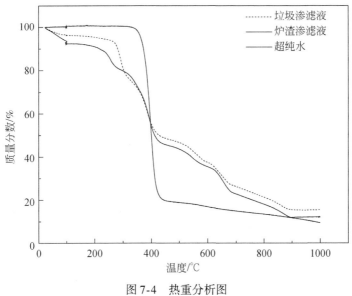

图 7-4　热重分析图

400℃出现质量陡降，表明土工布自身开始分解。生活垃圾渗滤液和炉渣混填渗滤液中的土工布质量随着温度升高出现相似的降低趋势：在第一阶段分解区域（0~100℃）主要分解的是化学结合水和有机物、盐分中含有的化学水；第二阶段分解区域（100~400℃）主要分解的是脱氢和脱酸的有机物；第三阶段分解区域（400~600℃）主要分解的是硅酸盐脱酸的有机物；第四阶段（600~1000℃）主要分解的是碳酸钙，产生氧化钙和二氧化碳。根据热重结果可计算得到生活垃圾渗滤液和炉渣混填渗滤液中的生物结垢质量分别为0.56g和0.69g。此计算结果与根据钙离子质量平衡计算得到的生物结垢质量相差不远，从而验证了结垢是由化学和生物两部分组成，而生物结垢占主要部分。

图7-5采用荧光显微镜反应土工布上的生物结垢情况。图上的红点显示生物结垢的存在，从图中可以明显看出，炉渣混填渗滤液和生活垃圾渗滤液中均存在生物结垢，红点不均匀的分布在土工布中，从而验证了在土工布结垢中生物结垢是重要的组成部分，而且是处于不均匀分布的状态。

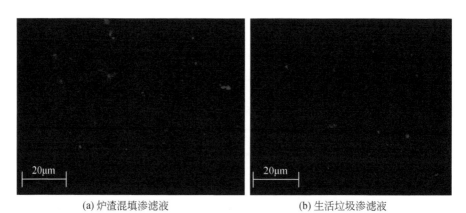

(a) 炉渣混填渗滤液　　　　　　　　(b) 生活垃圾渗滤液

图7-5　土工布荧光显微镜图

7.2.4　结垢成分分布

为进一步验证不同渗滤液阶段对土工布结垢的影响，图7-6展示了不同阶段土工布的结垢质量和渗透系数的变化情况。随着渗滤液阶段增加，生活垃圾渗滤液和炉渣混填渗滤液中的土工布结垢质量均呈现增加趋势；炉渣混填渗滤液在Ⅰ阶段的土工布结垢质量为0.45g，而在Ⅳ阶段的结垢质量为2.74g。生活垃圾渗滤液在Ⅰ阶段的土工布结垢质量为0.31g，而在Ⅳ阶段的结垢质量为1.88g。在同一渗滤液阶段，炉渣混填渗滤液形成的结垢物质量均高于生活垃圾渗滤液中的结垢物质量，经过炉渣混填后，土工布结垢质量增加44%~64%。同时土工布渗透系数的变化也能反映结垢情况变化。渗滤液阶段增加，土工布渗透系数越低。生活垃圾渗滤液的渗透系数由Ⅰ阶段的0.0051m/s降低至Ⅳ阶段的0.0021m/s。而炉渣混填渗滤液的渗透系数由Ⅰ阶段的0.0028m/s降低至Ⅳ阶段的0.0008m/s。在同一阶段，炉渣混填渗滤液中的土工布渗透系数低于生活垃圾渗滤液，与结垢质量之间呈现负相关。

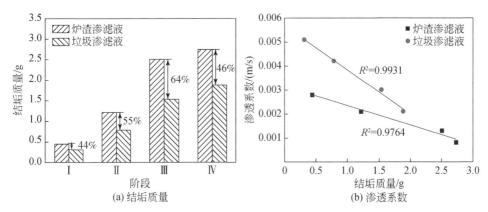

图7-6　不同阶段填埋场中土工布结垢质量和渗透系数的变化

图7-7反应了不同阶段渗滤液对土工布结垢组成成分的影响。土工布结垢分为化学结垢和生物结垢。随着渗滤液阶段的增大，炉渣混填和生活垃圾填埋情况

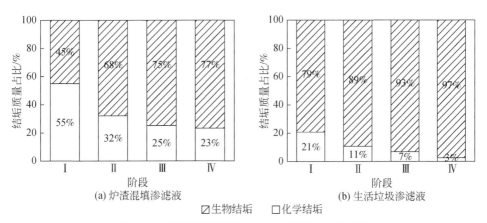

图7-7　不同阶段填埋场对土工布结垢成分影响图

下的土工布生物结垢质量比例增大，而化学结垢质量比例减小。生物结垢是土工布产生结垢的主要原因，分别在炉渣混填和纯生活垃圾填埋情况下占44%~77%和79%~97%。与纯生活垃圾填埋情况相比，炉渣混填情况下化学结垢质量比例明显增加，第一阶段到第四阶段增加18%~34%。因此，炉渣混填促进了化学结垢部分的增加。

7.3 氧化石墨烯抑制土工布生物结垢

城市生活垃圾卫生填埋场为厌氧环境，渗滤液中成分复杂，给寻找一种可长期持续利用的土工布结垢缓解方法带来了挑战。本节基于模拟填埋场产生的渗滤液，提出了一种有望长期适用于缓解填埋场土工布生物结垢的方法，即将氧化石墨烯纳米材料的抑菌作用应用到填埋场土工布结垢问题中，并分析其作用效果，为减缓填埋场中土工布生物结垢提供思路和参考。

7.3.1 实验设计

取模拟炉渣与生活垃圾填埋反应柱（混填比例5:5）的渗滤液作为细菌培养源，运用氧化石墨烯改性土工布，对石墨烯改性前后的土工布进行表征；在Luria-Bertani（LB）培养基中比较不同组别的土工布结垢情况；探究氧化石墨烯（GO）对填埋场土工布缓解结垢的影响及作用机理。

从模拟炉渣混填反应柱中获取渗滤液作为菌种。5mL菌种加入100mL LB培养基后，放入水浴恒温振荡器中于37℃下培养，培养一段时间后，细菌生长稳定至OD_{600}值基本稳定不变。重复以上操作稀释培养，最终确定总体微生物在一天内生长至稳定。

将土工布剪至2cm×2cm大小，放入过氧化氢、氨水和超纯水体积比1:1:5的混合溶液中洗涤，之后用超纯水洗净并烘干，该组为空白土工布（GE0组）。称取5.0mg氧化石墨烯粉末，溶解于30mL的无水乙醇和去离子水体积比为3:1的溶液中，采用超声浸泡法得到土工布。该组命名为GO1组。为了防止氧化石墨烯脱落，另一组设置对照，每30mL溶液中加入0.1mL的Nafion胶水，其他步骤同上，该组命名为GO2组。

于无菌环境下，将3组土工布（GE0，GO1，GO2）放入LB固体培养基中，加入相同的微生物稀释液，37℃恒温培养3d后，取出土工布，对其表面生物结垢进行分析。使用 3.34μM SYTO9 染料和 20μM PI 染料对 3 组土工布分别进行荧光染色，采用激光共聚焦显微镜对样品中死活细菌分别进行扫描观察（ex = 490nm，ex = 513nm），采集图像后，使用 ImageJ 软件进行处理分析，得出不同土工布中细胞死亡比例。并采用苯酚硫酸法和 BCA 测试法分别测试多糖和蛋白质的含量。

7.3.2 微生物种群分析

在进行后续缓解结垢实验之前，需要对研究的填埋场渗滤液环境中微生物生长特征有大致的了解，以确保分析缓解结垢效果时培养基微生物已进入生长稳定阶段。通过测定细菌培养过程中 600nm 处的吸光度（OD_{600}）随时间变化和对应的总微生物细胞浓度，可以了解细菌生长稳定所需的时间。图 7-8 为第三次稀释培养获得微生物的 4h 内生长变化曲线，可以看出总体生长曲线特征为先慢后快再慢；在 2.5h 时总微生物 $OD_{600} = 1.0$，处于快速增长阶段，此时细胞浓度约为 10^8 个/mL。

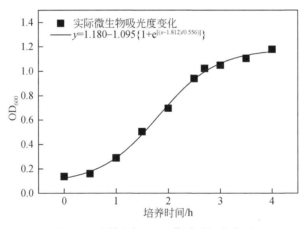

图 7-8 总微生物 OD_{600} 值随时间变化图

对在 LB 培养液中进行扩大培养的渗滤液菌种进行了测定，图 7-9 反应了微生物组成。*Paraclostridium* 菌属在细菌群落中占据绝对优势，相对丰度为 69.3%，其他菌属相对丰度从高到低为 *Escherichia-Shigella*、*Enterococcus*、*Bacteroides*，剩余菌属总和较低故归为 Others。而 *Methanoculleus* 菌属在古菌群落中占据绝对优势，相对丰度为 68.2%。*Paraclostridium* 菌属是一种梭状芽孢杆菌，*Methanoculleus*

菌属是一种严格厌氧可产甲烷气体的古菌，两者都是存在于厌氧环境中的微生物。

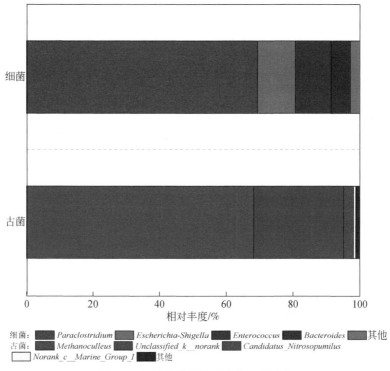

图 7-9　渗滤液培养液微生物组成成分

7.3.3　改性土工布表征

图7-10为SEM观测土工布表面得到的图像，图7-10（a）和图7-10（b）分别为原始土工布（GEO）和GO改性的土工布。可以看出土工布由大量纤维组成，且纤维间存在较多空隙，这为微生物的生长提供了大量的空间；镀有氧化石墨烯膜的土工布的纤维管外表面覆盖有GO，部分纤维之间存在片状GO；两者表面都较为光滑。

氧化石墨烯薄膜的包裹导致了原始土工布和改性土工布薄膜的表面形貌和结构上的差异，同时改性后的土工布表面的接触角也发生了改变，从而改变了亲疏水性。对照组 GEO 与纯水的接触角为（136.8±4.8）°，GO1 组为（108.1±2.7）°，GO2 组为（129.4±2.8）°。总体来说，三组土工布接触角的大小排序为

GEO 组>GO2 组>GO1 组，但差别不大，材料表面均具有疏水性。改性后的土工布接触角都小于空白土工布，另一方面也说明改性没有影响原始土工布的排水性能。

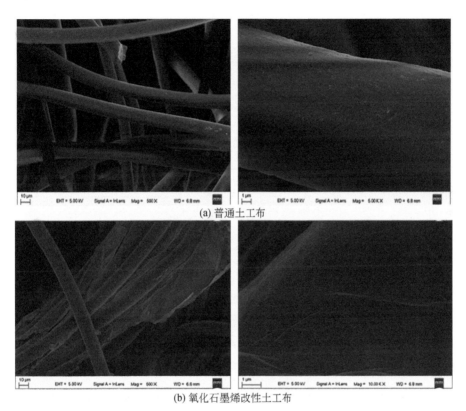

(a) 普通土工布

(b) 氧化石墨烯改性土工布

图 7-10　改性前后土工布 SEM 对比图

接触角的大小与材料本身特性有关，包括亲水官能团、表面粗糙度、孔隙度、孔隙大小和孔隙分布，其中表面粗糙度对亲疏水性的影响小于亲水基团的影响。而从 SEM 图像可知 GO 大部分是包裹在纤维的表面，很少堵住纤维中间的孔隙，因此本实验中孔隙度的改变对接触角大小的影响可不予考虑。而从红外光谱图 7-11 中可看出，氧化石墨烯中存在含氧官能团，包括 O–H、C＝O、C–O 基团。3310cm^{-1}附近较为宽泛的峰代表 O–H 的伸缩振动，1720cm^{-1}处特征峰为羧基、羰基中的 C＝O 引起的伸缩振动，1380cm^{-1}处特征峰则为 O–H 的弯曲振动，1103cm^{-1}特征峰为 C–O 的伸缩振动。因此 GO1 和 GO2 膜表面的接触角减小主要与 GO 中的含氧官能团有关。

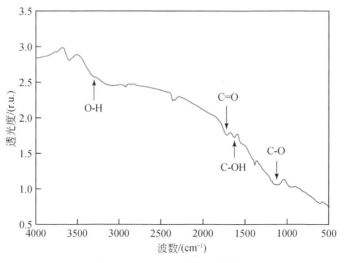

图 7-11　氧化石墨烯红外谱图

7.3.4　缓解结垢效果对比

GO 的抑菌性能可以通过对比微生物死亡率进行比较。激光共聚焦显微镜图像展示了三种布表面的活细胞（标记为绿色）和死细胞（标记为红色）。利用 ImageJ 软件处理分析，得到 GEO、GO1、GO2 三组的微生物平均死亡比例为 0.335±0.050、0.673±0.035、0.417±0.015。从群落结构分析可知渗滤液在 LB 培养基下培养的菌种主要是细菌 *Paraclostridium* 和古菌 *Methanoculleus* 等菌属，因此可认为 GO 对填埋场混合菌种整体表现出抑菌性；GO1 和 GO2 组的抑菌效果差异原因仍有待后续研究。

胞外聚合物 EPS 在生物膜形成过程中有重要的作用，是形成结垢污染的重要物质。EPS 中含有多糖、蛋白质和腐殖质等多种复杂混合物，且以蛋白质和多糖为主要成分，故用蛋白质和多糖含量之和表示 EPS 的总量，以评估不同组别结垢的情况。表 7-2 反应了三种土工布生成胞外聚合物含量。蛋白质、多糖含量和 EPS 总量均表现为：GO1>GEO>GO2，说明 GO1 组虽然具有较好的抑菌性能，但总结垢量反而最高；与 GEO 组蛋白质和多糖含量相比，GO1 组分别提高了 74% 和 274%，GO2 组分别减少了 48% 和 77%，GO2 组 EPS 总量减少了 49%，可以看出多糖含量在不同组的浮动比蛋白质更高。三种土工布长期缓解结垢效果需进一步验证。

表 7-2　胞外聚合物含量比较　　　　　　（单位：μg/mL）

项目	GE0	G01	G02
蛋白质含量	696.33±249.14	1210.73±445.48	362.70±144.54
多糖含量	36.28±5.77	135.51±24.09	8.25±0.17
EPS 总量	732.61	1346.24	370.95

7.4　本 章 小 结

本章阐述了渗滤液收集系统的组成、结垢机理及常用防治方法，并探究了炉渣混填在不同渗滤液阶段对土工布结垢的影响，以及利用氧化石墨烯采取两种不同方法改性土工布对结垢的缓解程度。结果表明，土工布结垢分为化学结垢和生物结垢两部分，而生物结垢为土工布结垢的主要原因。不同阶段渗滤液的性质对土工布结垢情况产生影响。在不同渗滤液阶段，炉渣混填均能加剧土工布结垢现象，导致渗透系数下降。随着渗滤液阶段的增加，炉渣混填导致的化学结垢量逐渐增加。两种改性氧化石墨烯土工布对渗滤液混合培养液中的微生物具有抑制效果，虽然两者的胞外聚合物含量不同，但证明了改性土工布对生物结垢存在一定的缓解效果。

参 考 文 献

何品晶，宋立群，章骅，等. 2003. 垃圾焚烧炉渣的性质及其利用前景 [J]. 中国环境科学，23（4）：395-398.

陈石，黄凯兴，王克虹，等. 2000. 垃圾渗滤液排污管结垢原因分析及对策 [J]. 给水排水，26（12）：29-31.

汪惠阳. 2012. 浅谈垃圾渗滤液输送管道结垢问题 [J]. 化学工程与装备，（4）：145-146.

王前，杨帆，徐期勇. 2017. 炉渣与生活垃圾混填对填埋场土工膜结垢的影响 [J]. 环境工程学报，11（9）：5262-5266.

刘丰，王前，吴华南，等. 2020. 氧化石墨烯对填埋场土工布初期生物结垢的抑制研究 [J]. 中国环境科学，40（2）：695-700.

Ko J H, Wang Q, Yuan T, et al. 2019. Geotextile clogging at different stages of MSW landfills co-disposed with bottom ash [J]. Science of the Total Environment，（687）：161-167.

Wu H, Wang Q, Ko J H, et al. 2018. Characteristics of geotextile clogging in MSW landfills co-disposed with MSWI bottom ash [J]. Waste Management, (78): 164-172.

Veylon G, Stoltz G, Mériaux P, et al. 2016. Performance of geotextile filters after 18 years' service in drainage trenches [J]. Geotextile and Geomembranes, 44 (4): 515-533.

VanGulck J F, Rowe R K. 2004. Influence of landfill leachate suspended solids on clog (biorock) formation [J]. Waste Management, 24 (7): 723-738.

Rowe R K. 2005. Long-term performance of contaminant barrier systems [J]. Geotechnique, 55 (9): 631-678.

McIsaac R, Rowe R K. 2008. Clogging of unsaturated gravel permeated with landfill leachate [J]. Canadian Geotechnical Journal, 45 (8): 1045-1063.

Fleming I R, Rowe K, Cullimore D R. 1999. Field observations of clogging in a landfill leachate collection system [J]. Canadian Geotechnical Journal, 36 (4): 685-707.

Cardoso A J, Levine A D, Nayak B S, et al. 2006. Lysimeter comparison of the role of waste characteristics in the formation of mineral deposits in leachate drainage systems [J]. Waste Management Research, 24 (6): 560-572.

Fleming I R, Rowe R K. 2004. Laboratory studies of clogging of landfill leachate collection and drainage systems [J]. Canadian Geotechnical Journal, 41 (1): 134-153.

Meng F, Zhang S, Oh Y, et al. 2017. Fouling in membrane bioreactors: An updated review [J]. Water Research, 114: 151-180.

Kandianis M T, Fouke B W, Johnson R W, et al. 2008. Microbial biomass: a catalyst for $CaCO_3$ precipitation in advection-dominated transport regimes [J]. Geological Society of America Bulletin, 120 (3-4): 442-450.

Xia Y, Zhang H, Phoungthong K, et al. 2015. Leaching characteristics of calcium-based compounds in MSWI Residues: from the viewpoint of clogging risk [J]. Waste Management, 42: 93-100.

Boni M R, Leoni S, Sbaffoni S. 2007. Co-landfilling of pretreated waste: disposal and management strategies at lab-scale [J]. Journal of Hazardous Materials, 147 (1-2): 37-47.

第8章 | 填埋气收集与净化技术

　　填埋气的主要成分甲烷（CH₄）和二氧化碳（CO₂）是全球排放量最大的两种温室气体，二者又占填埋气所有成分的98%以上，因此，填埋气是最重要的人为温室气体排放源之一。另一方面，CH_4具有极高的热值，被收集后可进行资源化利用，不仅能有效避免生活垃圾填埋场的温室气体逸散，且能广泛应用于发电、可再生燃料生产和热电联产等过程中，缓解能源短缺问题。但是，填埋气中的一些杂质成分，如 H_2O、H_2S、硅氧烷、NH_3、卤代烃等，会对设备造成损坏；在填埋气中占比40%~50%的 CO_2，会极大地降低填埋气的热值，影响填埋气的资源化利用。因此，填埋气的净化特别是 CO_2 的去除对于提高填埋气的品质是很关键的一步，也是综合利用填埋气之前必不可少的过程。

8.1　填埋气产量与收集

8.1.1　LandGEM 模型

　　填埋气产量估算是对填埋气进行收集利用的基础。美国环保署（USEPA）于2005 年开发了基于 EXCEL 可视化的垃圾填埋气的预测模型—LandGEM（Landfill Gas Emission Model），来模拟填埋垃圾的甲烷排放量。LandGEM 模型假设填埋垃圾的产甲烷速率与填埋时间相关，垃圾在填埋一年后产气速率最大，而后随时间的增加递减。通过输入的垃圾填埋量和模型参数即可得到填埋气总的产生量和甲烷等组分的产生量，其计算公式如下：

$$M = \sum_{i=1}^{n} \sum_{j=0.1}^{l} k \times L_0 \times \frac{M_i}{10} \times e^{-kt} \tag{8-1}$$

式中，M 为甲烷产生量（m^3）；k 为垃圾降解速率常数；L_0 为生活垃圾的产甲烷能力（m^3/t）；t 为垃圾填埋龄；M_i 为第 i 年的填埋垃圾量（t）；n 为填埋场的运行年限；模型提供两套系统默认值。CAA 默认值：$k=0.05/a$，$L_0=170m^3/t$；AP–

42 默认值：$k = 0.04/a$，$L_0 = 100m^3/t$。

8.1.2　填埋气收集工艺

填埋气收集系统由贯穿于填埋场的气体收集井组成。气体收集井的数量取决于废物的体积、密度、深度和面积。收集系统分为被动收集系统和主动收集系统。被动收集系依靠气体本身的压力，一般采用竖井。主动收集系统是通过在外界加真空泵控制抽气速率，比被动收集系统有效，而且主动收集系统还有监测和调节气体流量的作用。

填埋气体的收集和导排系统对于填埋场的整体设计与建造非常重要，它保证了填埋气体的有序收集和运移，避免了填埋场内不必要的气体高压。按照填埋气体收集井的结构特点和建设方法，目前采用的填埋气收集工艺可以分为三种，即竖直收集井、水平收集井和膜下收集井。

（1）竖直收集井

竖直收集井的建设中，利用工程钻探设备，采用随填埋作业层升高而分段设置和连接的石笼导气井，也可以在填埋体表面钻孔形成导气井，中心的导气管宜采用 HDPE 或者 PVC 材质的多孔管，导气管的四面用碎石材料填充，外部选取能伸缩接连且坚固而多孔的材料作为井筒，如土工网格或钢丝网等，底部铺设不破坏防渗层的基础。生产过程中利用风机，用主动抽气的方式，将井内抽成真空，从而在收集井与垃圾体之间形成一定的压强差，填埋气从垃圾体向收集井中转移。竖直收集井具有密封性好、收集过程稳定高效、受垃圾堆体位移影响小以及环境污染小等优点，然而也存在单个井的收集水平有限、使用周期短且有日常维护需求高的缺点。

（2）水平收集井

水平收集井的结构和收集原理与竖直收集井的类似。两者区别在于水平收集井的轴线方向水平；竖直收集井收集深度深，用于收集垃圾深层填埋气体，而水平收集井建设深度浅，用于收集垃圾表层填埋气。另外两者建设工艺也存在差异。水平收集井收集填埋气体效率较高，日常维护需求较少，与竖直收集井相比使用寿命更高，其缺点在于密封性差，对环境污染严重，对深层气体的收集效率低，容易受到垃圾堆体不均匀沉降的影响，且建设工程量大、造价高。

（3）膜下收集井

膜下收集井以 HDPE 覆盖膜工艺为主，其通过将生活垃圾和大气环境隔离开来，从垃圾堆体中扩散出的填埋气在 HDPE 膜下聚集，再用收集管道进行收集，这种方式还加强了填埋场的雨污分流和臭气分离能力，因此具有较高的综合价值。有研究表明，良好密封 HDPE 膜条件下的填埋气体收集率更高，且空气混入含量更少。由于填埋覆盖层经常出现的由于干湿度不均匀造成的龟裂问题和垃圾堆体不均匀沉降等现象，填埋气体泄漏的总量也不容忽视，因此利用 HDPE 膜下收集井是缓解这一现状的有效措施。收集井顶部设置集气装置，并采用 HDPE 管与集气站相连至输送总管，最终送至储存容器或用户。然而，该方法也存在应用范围受限，对施工质量要求较高等缺陷。

8.2　填埋气利用现状及前景

进行收集后的填埋气可用于燃气发电转换成电能或者煤气联合发电，也可以直接用作锅炉、窑炉等的加热燃料，还有净化后与城市天然气/煤气混合作民用燃料、净化和压缩后作为汽车燃料和用于生产化工材料、燃料电池以及生物柴油等利用方式。表 8-1 是国内外对填埋气的利用情况。

随着能源紧缺问题的凸显，无论是发达国家还是发展中国家都致力于寻找新能源的开发以及能源的节约型利用、高效利用技术。国外大多数填埋气用来发电，结合热电联用、余热利用等方式，能源利用率较高。另外一个重要利用方式是填埋气经过一定处理后成为高浓度的甲烷气体，这些气体可直接并入天然气管道或煤气管网。在美国，垃圾填埋气发电项目大多数直接使用低热值气体燃料内燃发动机或涡轮机产生电能，填埋气发电技术受到税收抵免鼓励。

表 8-1　垃圾填埋气的利用方式

利用方式	利用情况		经济性
	国外	国内	
进入供气管网或者压缩天然气	填埋气进行分离后，高浓度甲烷气体输入天然气或煤气管网，获利丰厚	我国应用较少，有待扶持政策和公众态度的转变，同时天然气/煤气管网建设不足	随供气管网完善，经济性会显著提高
发电	大多数的填埋气采用发电利用方式，结合热电联供、余热利用等方式，能源利用率高	相关的沼气发电设备、甲烷发电设备、填埋气预处理设备、输电设备已经成熟，但电力入网和技术集成整合困难	经济性非常好

利用方式	利用情况		经济性
	国外	国内	
供热/制冷	发电余热利用，采用供热发电联合或者单独供热	北方地区冬天供热，需求较多；全国夏季需要冷气，市场潜力大	发电供热联合经济效果会更好，需要有较大规模的终端用户群
其他能源	填埋气作为汽车燃料，利用甲烷生产电池	已有利用填埋气作为汽车能源的应用，鞍山等城市有应用	无规模效应，经济性一般
燃烧放空	它是一种温室气体减排的低成本、有效的手段，作为燃烧供热或发电利用的辅助手段	有填埋气空烧的现象，浪费了宝贵资源	与热电厂和供热系统联合，将会有较大收益

为了进一步鼓励利用垃圾填埋气能源，美国环境保护局早已经建立了垃圾填埋场甲烷推广计划。除了燃烧发电，还有将填埋气用作汽车燃料的资源化利用方式。根据 2019 年数据，美国目前共有 2600 多个生活垃圾填埋场，其中的 525 个填埋场每个供应填埋气给一个或多个填埋气资源化利用项目（总的填埋气资源化利用项目为 578）（图 8-1（a））。此外，统计数据还包括 17 个在建项目，48 个计划项目，327 个闭场项目，以及 478 个有望进行填埋气资源化利用的填埋场。大部分填埋气资源化利用项目类型是发电（413 个），其次是直接使用（102个），少部分为管道注入（56 个）以及本地使用（7 个）（图 8-1（b））。

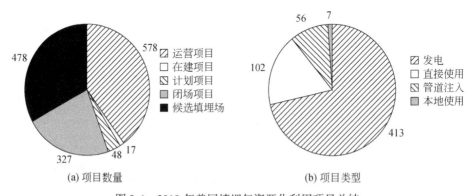

（a）项目数量　　　　　　　　（b）项目类型

图 8-1　2019 年美国填埋气资源化利用项目总结

清洁发展机制（clean development mechanism，CDM）是一种基于项目的机制，它要求发达国家向发展中国家提供额外性的技术。这种技术是优于东道国国内商业化的先进技术，保证 CDM 项目活动获得相对于基准线项目而言额外的温室气体减排量。作为最大的发展中国家缔约方和温室气体排放大国，中国被视为最具有潜力实施清洁发展机制项目的国家之一，其中城市生活垃圾填埋气体的回收利用是主要的组成部分。

我国目前填埋气产量大，但填埋气中 CH_4 的资源化利用率低，填埋气中的潜在能源没有得到充分利用，严峻的能源短缺现状会导致对高品质填埋气的需求大量增加。我国填埋气发电的应用逐渐得到推广，但若要利用填埋气生产可再生汽车燃料、天然气管道输送等，则需要将填埋气继续加以净化提纯，尤其是去除填埋气中的 CO_2 以提高热值，提高净化后气体中的 CH_4 含量。填埋气中杂质成分的净化，尤其是 CO_2 的净化作为利用填埋气中 CH_4 的关键环节应当给予重视。

8.3 填埋气的净化技术

目前广泛采用的几种 CO_2 净化工艺技术，包括吸收净化工艺、变压吸附、膜分离和深冷分离，本小节对各种工艺的原理、优缺点、研究进展和使用效果等进行分析比较，以期为因地制宜地选择填埋气净化提纯工艺给予技术支持和参考。

8.3.1 吸收净化工艺

(1) 水洗工艺

水洗工艺是基于填埋气中不同组分在水中的溶解度的不同来去除 CO_2。由于 CO_2 在水中的溶解度比 CH_4 高，因此加压后的填埋气通过和水的接触，其中的 CO_2 可溶解在水中得以除去。

水洗工艺的流程图如图 8-2 所示。通常是填埋气加压至 $1 \sim 2MPa$ 后从吸收柱底部进入，水从顶部喷洒进入形成反向流动吸收。吸收柱中一般会装入比表面积较大的填料来增加气液接触面积，提高吸收效率。离开吸收柱的气体中 CH_4 浓度增加，同时填埋气中的 CO_2 随水从底部流出。由于水中也会溶解有少量的 CH_4，因此吸收后的水进入闪储罐，通过减压释放出的气体再次回到吸收柱进行水洗。液体经过闪储罐进入再生柱，通过空气或惰性气体反向吹脱，使水中的 CO_2 挥发，水得到再生，循环回流至吸收柱。该工艺通过水的循环利用可以减少水资源的消耗，获得高纯度的 CH_4 气体。

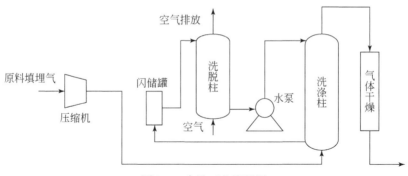

图 8-2　水洗工艺流程图

采用水洗工艺净化填埋气后，气体中 CH_4 的体积比可达到 75%～95%。H_2S 在水中的溶解度也高于 CH_4，因此在水洗中 H_2S 也可去除。但如果填埋气中 H_2S 含量过高，H_2S 可被进入再生柱的空气氧化为单质硫而附着在再生柱内壁，因此在水洗工艺之前应首先进行脱硫处理以防对设备的腐蚀，增加吸收水的可循环利用次数。

（2）化学吸收

化学吸收 CO_2 工艺根据机理不同分为溶解吸收和化学反应两种，其设备、流程和水洗工艺相同，唯一区别在于吸收剂。第 I 类溶解吸收去除 CO_2 工艺通常使用聚乙二醇溶剂，通过加热或减压的方式进行再生。由于在相同的净化负荷下，CO_2 在聚乙二醇溶剂中的溶解度高于水中的溶解度，因此相比水洗工艺来说，吸收剂的消耗总量减少、设备体积更小、经济效益更高。吸收过程中填埋气中除 CO_2 之外的其他组分如 H_2S、H_2O、O_2 和 N_2 也可溶于有机溶剂之中。

第 II 类化学反应吸收工艺是通过溶剂和填埋气中的 CO_2 发生不可逆的化学反应来去除 CO_2，通常使用的吸收剂为醇胺溶液，如乙醇胺（MEA）和二甲基乙醇胺（DMEA）。由于醇胺溶液和 CO_2 反应的选择性很高，因此这种方法 CH_4 的损失一般低于 0.1%。溶剂可以通过加热再生后循环至吸收柱中。在相同吸收剂浓度和操作条件下，在 3 种醇胺溶液 MEA、二乙醇胺（DEA）、三乙醇胺（TEA）中，MEA 的填埋气分离性能最高，之后是 DEA、TEA；而再生性能则表现相反。填埋气中的 H_2S 也会被吸收在溶剂中，但再生环节需要提高再生温度，因此采用这种方法去除 CO_2 之前必须首先去除 H_2S。

在传统的醇胺溶液中加入其他的化学物质或改用其他化学溶剂来提高吸收效率也是重要的 CO_2 去除方式。例如，在烷醇胺溶液中加入 $BaCl_2 \cdot 2H_2O$ 既可提高

CO_2 的去除效率又可获得高纯度的 $BaCO_3$ 晶体, 经济效益增加, 相比加入锌盐来说, 所能承受的 CO_2 负荷更高, 沉淀更易形成。采用加入双活化剂的 DMEA 溶液净化填埋气, 甲烷回收率达到 96% 以上, 净化后气体可达到车用压缩天然气国家标准。

除了采用醇胺溶液吸收 CO_2 外, 用 KOH 等碱性溶液吸收填埋气中 CO_2 也是可行的, 在最佳条件下净化后气体中 CH_4 的体积浓度可达到 85%~97%。此外, 工业产生的碱性废水也能达到很高的 CO_2 吸收效率。

8.3.2 变压吸附法

变压吸附法 (pressure swing adsorption, PSA) 是指利用填充有分子筛、活性炭、沸石等物质的吸附柱, 在不同大小的网孔和压力条件下对填埋气中的气体进行选择性吸附。一般吸附时填埋气加压至 0.8MPa, 解吸再生时通过压力的逐渐降低来完成。PSA 工艺流程图如图 8-3 所示。通常采用平行运行的 4 个反应柱, 在不同的情况下分别用于吸附、降压、解吸和加压。为了节省填埋气加压所需的能量, 一个反应柱降压释放出的压力可用于为另外的反应柱加压。如果真空条件下解吸则为真空变压吸附 (vacuum swing adsorption, VSA), 虽然有研究表明 VSA 存在成本较高的问题, 但通过控制温度、优化工艺流程也可达到较高的净化效率。

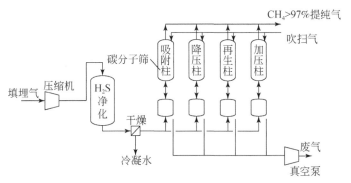

图 8-3 变压吸附法 (PSA) 净化 CO_2 工艺流程图

PSA 工艺中甲烷的提纯效率一般可达到 96% 以上, 但存在操作程序复杂、设备易损坏、投资和维护费用较高的问题, 而且采用 PSA 工艺时应首先进行干燥和脱硫处理, 因为 H_2O 会破坏吸附剂的化学结构, 而 H_2S 会不可逆地被吸附在吸附剂上。

对 PSA 的研究主要集中于选择合适的吸附剂，优化反应条件如温度、压力、吸附时间、原料气和吹脱气的流量等来获得较高的净化效率。活性炭吸附剂由于具有发达的孔隙结构、较高的吸附容量和多样的吸附效果等特征，应用最为广泛。人工合成的分子筛也是一类常用的吸附剂，如 Takeda3ACMS、无定形氧化硅分子筛等。除了活性炭和分子筛之外，沸石也是比较有代表性的一种吸附剂，天然斜发沸石的 CO_2 吸附负荷可以达到 173.9mg/g，且性能稳定并可再生。此外也有通过利用化学工艺合成出的吸附剂来净化填埋气，如在天然黏土中加入 3-氨丙基三乙氧基硅烷或者是采用金属配位体有机物混合物来提高 CO_2 的吸附效率。

8.3.3 膜分离工艺

膜分离基于填埋气中不同组分的分压不同以及膜对不同大小分子的选择透过性不同来净化填埋气。一般工业净化采用的分离膜能使 CO_2、H_2O 和 NH_3 完全透过，大部分的 H_2S 和 O_2 能透过而 N_2 和 CH_4 只能透过很小一部分，如图 8-4 所示。通常采用两级膜分离工艺以提高净化效率。

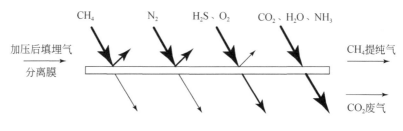

图 8-4　膜分离原理示意图

膜法分离主要有两种类型，高压气相分离和低压气液分离。传统的高压气相分离膜由醋酸纤维制成，膜的两侧均为加压填埋气（2~3.6MPa），一般先去除填埋气中的碳氢化合物、H_2S、含油蒸汽等成分，以保护分离膜。单级分离后填埋气中 CH_4 含量一般可达92%。低压气液膜分离方法最近几年才用于填埋气的净化，气相和液相通过微孔疏水膜分隔开来，低压气体（约为0.1MPa）从膜的下方通过，其中能透过膜的组分被分离膜另外一侧反向流动的溶液所吸收，通常利用胺溶液来吸收 CO_2，去除效率可达96%以上。

8.3.4 深冷分离工艺

深冷分离工艺是根据 CH_4 和 CO_2 的沸点和凝华点的不同来去除填埋气中的 CO_2。在常压下，CH_4 的沸点为 $-160℃$，而 CO_2 的沸点为 $-78℃$。在高压的条件下，通过给填埋气降温使 CO_2 浓缩以液相的形式分离出来，而 CH_4 最终根据系统的温度以气相或液相的形式分离出来。

通常在深冷处理前需要去除填埋气中的水分、硅氧烷和 H_2S 等物质，防止对设备的损坏和处理过程中水分的冻结。预处理之后的填埋气加压至 8MPa，然后通过逐步降温使 CO_2 以液相或固相的形式与 CH_4 分离开来（图8-5）。可以利用两台交替运行的热交换机，通过使填埋气中的 CO_2 以液相的形式分离出来达到净化的目的。

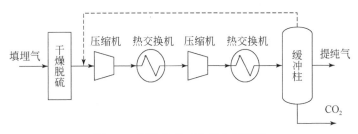

图 8-5 深冷分离工艺简化流程图

8.3.5 CO_2 去除工艺的对比

目前主要使用的 CO_2 去除技术包括物理或化学吸收、变压吸附、膜分离和深冷工艺，每种提纯工艺的原理不同，也有自身的优缺点。表8-2 主要对各种 CO_2 去除工艺的优缺点进行了对比分析。

表 8-2 填埋气中几种 CO_2 去除工艺的优缺点

工艺名称	优点	缺点
水洗工艺	设备及操作简单，耗能小、成本低	填料表面微生物的生长可能会造成堵塞
	净化效率高	需要大量的水处理
	不需要使用化学物质且水资源可以循环使用	
	H_2S 和 NH_3 等杂质也可溶于水中去除	

工艺名称	优点	缺点
化学溶剂吸收工艺	物理性吸收工艺设备体积小,消耗的吸收剂少,净化效率高	吸收溶剂再生时需要加热
	化学性吸收的反应选择性高,净化效率高	填埋气中的 O_2 可能使化学溶剂降解
变压吸附工艺	可同时除去卤代烃、硅氧烷等杂质,净化效率高	操作程序复杂
	不使用化学物质,不产生废液	设备易损坏,投资和维护费用高
膜法分离工艺	设备简单能耗小,适应性强	不能很好地去除填埋气中的 N_2
	气相分离和气液分离净化效率都较高	分离膜的维护和更换费用较高
深冷分离工艺	不需要加入化学物质,净化后填埋气中 CH_4 可达到 97%	所需压缩机、热交换器等设备较多,投资和运行成本高
	可同时去除填埋气中的硅氧烷	

通常在选用适宜的 CO_2 去除工艺时,需要综合考虑工艺自身的处理能力和优缺点、处理设备的投资、运行和维护成本以及工艺整体的环境效益和经济效益等多方面的因素,如变压吸附净化效率高,但设备投资和维护费用高,程序复杂;水洗工艺虽操作简单,但需要消耗大量水资源。

8.4 本章小结

填埋气的净化是利用填埋气之前必不可少的过程。本章详细地介绍了针对填埋气的 CO_2 净化工艺,并分别对各种净化工艺的优缺点进行比较。填埋气的净化提纯过程要根据填埋气的实际产量和组成、处理能力和目标等决定,根据工艺的原理特点不同,综合考虑不同处理工艺的优缺点,因地制宜地选择工艺并优化控制条件,也可采用多级净化、联合工艺等提高净化提纯的效率。

参 考 文 献

金潇,马泽宇,徐期勇. 2013. 填埋气中二氧化碳净化技术及研究进展 [J]. 可再生能源,31 (1):87-92.

魏泉源,肖俊华,王敏,等. 2009. 生物填料净化处理沼气中硫化氢试验研究 [J]. 环境工程,27 (S1):269-272.

赵玉杰,王伟. 2011. 填埋气体小型变压吸附的试验研究 [J]. 可再生能源,29 (3):54-57.

Ajhar M, Travesset M, Yüce S, et al. 2010. Siloxane removal from landfill and digester gas- a technology review [J]. Bioresource Technology, 101 (9): 2913-2923.

Bae Y S, Mulfort K L, Frost H, et al. 2008. Separation of CO_2 from CH_4 using mixed-ligand metal-organic frameworks [J]. Langmuir, 24 (16): 8592-8598.

Chang H M, Chung M J, Park S B. 2010. Integrated cryogenic system for CO2 separation and LNG production from landfill gas [J]. AIP Conference Proceedings, 1218 (1): 278-325.

Dirske E H M. 2007. Biogas upgrading using DMT TS-PWS ® technology [R]. Joure, Netherlands: DMT Environmental Technology.

Gaur A, Park J W, Jang J H. 2010. Metal-carbonate formation from ammonia solution by addition of metal salts- An effective method for CO_2 capture from landfill gas (LFG) [J]. Fuel Processing Technology, 91 (11): 1500-1504.

Gaur A, Park J W, Jang J H, et al. 2010. Precipitation of barium carbonate from alkanolamine solution- study of CO_2 absorption from landfill gas (LFG) [J]. Journal of Chemical Technology and Biotechnology, 86 (1): 153-156.

López M E, Rene E R, Veiga M C, et al. 2012. Environmental chemistry for a sustainable world: Volume 2: Remediation of Air and Water Pollution [M]. Heidelberg: Springer.

Makaruk A, Miltner M, Harasek M. 2010. Membrane biogas upgrading processes for the production of natural gas substitute [J]. Separation and Purification Technology, 74: 83-92.

Mescia D, Hernandez S P, Conoci A, et al. 2011. MSW landfill biogas desulfurization [J]. International Journal of Hydrogen Energy, 36 (13): 7884-7890.

Ryckebosch E, Drouillon M, Vervaeren H. 2011. Techniques for transformation of biogas to biomethane [J]. Biomass & Bioenergy, 35: 1633-1645.

Weisend J G. 2010. Advances in Cryogenic Engineering: Transaction of the Cryogenic Engineering Conference [R]. Melville: American Institute of Physics.

Zhao Q, Leonhardt E, Macconnell C, et al. 2010. Purification technologies for biogas generated by anaerobic digestion [R]. CSANR Research Report 2010-001, Compressed Biomethane. Puyallup: CSANR.

第9章 填埋场覆土氧化甲烷技术

目前，我国相当一部分填埋场都未配置填埋气收集系统，大量填埋气无组织逸散到周边和大气环境中，加剧温室效应。而且即使配备了填埋气收集系统的填埋场，由于覆盖类型、收集井类型和布列方式等因素，收集效率一般也并不理想。因此，对未配备填埋气收集系统或收集效率低下的填埋场，还有必要采取针对性的减排措施应对甲烷无组织排放的问题。

填埋场覆土氧化甲烷是填埋场自然减排甲烷最主要的方式，研究发现填埋场覆土甲烷氧化率可达到 12%~60%。因此，利用以甲烷为养料的微生物在填埋场覆土中作为介质氧化甲烷是减少填埋场甲烷排放的一种经济可行的生物方法。覆土氧化甲烷效果受各种影响因子影响，包括甲烷和氧气浓度、温度及土壤特性（土壤类型、湿度、pH、压实度、厚度等）。改性覆土或寻找更优的覆土材料是目前世界上的研究热点，本章通过设计新型垃圾填埋场生物覆盖层，为微生物提供更好的生存环境，强化其中甲烷氧化菌的活性，以实现更为经济有效的甲烷减排。

9.1 覆土氧化甲烷机理

9.1.1 甲烷有氧氧化

填埋场底层垃圾产生的填埋气在通过顶部覆土层时，在合适的环境条件下，填埋场覆土中天然存在的甲烷氧化菌可以促进 CH_4 被氧化为 CO_2 和 H_2O：

$$CH_4 + 2O_2 \rightarrow CO_2 + 2H_2O + \Delta G, \quad \Delta G = -780kJ/(mol\ CH_4) \tag{9-1}$$

其具体氧化过程为：在甲烷氧化菌细胞内，有氧气分子存在时，甲烷首先在甲烷单加氧酶的作用下被氧化为甲醇，然后在甲醇脱氢酶的作用下形成甲醛，之后根据甲烷氧化菌类型的不同通过丝氨酸路径或磷酸核酮糖路径进行细胞合成，同时在甲醛脱氢酶和甲酸脱氢酶的催化作用下将中间产物甲醛最终氧化成 CO_2 和

H_2O。其微生物机理如图 9-1 所示。

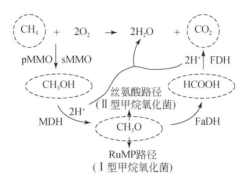

图 9-1　甲烷氧化微生物机理图

9.1.2　甲烷厌氧氧化

通常情况下，甲烷氧化是指在氧气充足条件下甲烷被甲烷氧化菌氧化为二氧化碳，当氧气不足时，在垃圾填埋场表层至一定深度的垃圾体还会发生甲烷厌氧氧化的过程，也是填埋场减少甲烷排放的重要途径之一。根据最终电子受体的不同，甲烷厌氧氧化可分为三大类：硫酸盐还原型甲烷厌氧氧化，反硝化型甲烷厌氧氧化，以及金属离子为电子受体的甲烷厌氧氧化。尽管已观测到自然界以上三种甲烷厌氧氧化反应，但在实验室培养相关微生物从而实现相关甲烷厌氧氧化反应的研究并不多，对于其反应机理还不是很明确，其代谢途径以及实际工程应用仍需要更多研究进行探索。

9.1.3　覆土氧化甲烷影响因子

填埋场覆土是一种复杂的"生物反应床"，因此生物炭改性覆土的甲烷氧化能力受各种因素影响。不同填埋场覆土的甲烷氧化效率有显著的不同，主要取决于覆土的理化特性，如覆土类型、孔隙度、含水率、基质养分和甲烷氧化潜能等。此外，也发现覆土不同深处的甲烷和氧气浓度不同会导致甲烷氧化菌的种类多样性和甲烷氧化过程及能力的差别。以下简单归纳了三类影响因子，包括甲烷和氧气浓度、温度及土壤特性对覆土甲烷氧化能力的影响。

（1）甲烷和氧气浓度

Ⅰ型变形杆菌甲烷氧化菌群对环境变化很敏感，通常适应于低甲烷浓度和高氧气浓度的环境；而Ⅱ型甲烷氧化菌群在高甲烷浓度和有限的氧气条件下更易生存。由于填埋气高甲烷浓度及低氧气浓度的特性，填埋场覆土中通常观测到更为活跃的Ⅱ型甲烷氧化菌的活动。覆土甲烷去除率还会随着甲烷浓度和流量的变化而变化；若流量过大，土壤孔隙中储存过多的甲烷，则会对甲烷氧化产生负面影响。

（2）温度

与产甲烷菌相比，甲烷氧化菌对温度的依赖性较低，对温度变化也较不敏感。但也发现了土壤吸附甲烷的能力随温度的升高而增强，且在 25~35℃ 范围内，土壤的甲烷氧化能力与温度呈正比。此外，在极端温度条件下（300kPa 和 <5℃，50kPa 和 >40℃），土壤的甲烷氧化速率比最优条件下（30℃）低了 10%。因此，一般认为甲烷氧化的最佳温度在 25~35℃ 左右。

（3）土壤特性

土壤特性主要是指土壤的类型、理化特性（含水率和 pH）、压实程度以及厚度等。国内外学者研究各种类型填埋场覆盖材料的甲烷氧化效果，发现堆肥以及矿化垃圾的甲烷氧化能力相较于其他材料一般更高。

含水率也是影响填埋场覆土甲烷氧化的主要因素。土壤中甲烷氧化的最适含水率为 15%，含水率较低（5%）的土壤中甲烷氧化活动几乎停止，而当含水率大于 15% 时，甲烷氧化速率则随覆土层含水率的增加呈下降趋势。但也发现垃圾生物覆土甲烷氧化的最适条件为 45% 含水率。

土壤 pH 对覆土甲烷氧化效果的研究较少，且存在不同的结论。一般认为，甲烷氧化菌最适宜于在微酸性至中性的环境中生长，而在 pH 较高的环境中不利于生长。

土壤的压实程度主要影响了土壤的孔隙度，进而决定了氧气的扩散程度以及氧化甲烷的能力。对于土壤的厚度影响研究也同理。在高压实率和/或高通量的覆土中普遍存在低曝气率和低甲烷氧化率，而在低通量和/或低压实率的覆土中则可以保持高速率的甲烷氧化。此外，覆土的甲烷氧化速率或去除效率并不总是随着土壤厚度的增加而增加，如果填埋场覆土厚度超过了阈值，则甲烷氧化速率变为常数。

9.2 生物炭改性覆土减排甲烷研究

填埋场覆土材料多就地取材，其原始的甲烷氧化效果一般并不足。通过使用改性覆土或更优的覆土材料设计安装垃圾填埋场生物覆盖层，提供更好的微生物生存环境，强化覆土中甲烷氧化菌的活性，加快甲烷的氧化速度，有望将填埋场运营后期不适宜资源化的填埋气通过甲烷自然氧化而实现更有效的甲烷减排。

为了设计更为高效的生物覆盖系统，需要选择一种更为稳定的生物覆盖材料，该材料应廉价、易得，具有较高的孔隙率，能够提高覆土的氧气渗透能力和保湿能力，同时有利于甲烷营养体的生长，能有效促进微生物甲烷氧化过程，并且不对环境产生二次污染。

作为生物质在无氧或微氧条件下高温热转化后的固体副产物，生物炭具备有机碳含量高、多孔性好、吸附能力强等优良特性，是适合添加在填埋场覆土中作为土壤改良剂的固体材料。基于此，采用杨木木屑这种廉价、易获取的废弃生物质制备而来的生物炭，然后用作土壤改良剂，再通过分析生物炭添加前后覆土理化特性、微生物群落结构及甲烷排放的变化，探究生物炭对填埋场覆土甲烷氧化性能的影响。这不仅为垃圾填埋场覆土甲烷氧化提供科学依据与技术思路，也是废弃资源利用、变废为宝、以废治废的创新性研究，更是对固体废物资源化利用与环境保护具有重要意义的科学探讨。

9.2.1 生物炭改性覆土减排甲烷实验设计

为了研究生物炭改性对填埋场覆土氧化甲烷能力的影响，主要展开了三方面研究内容，包括不同热解温度生物炭的制备、甲烷氧化菌的纯化培养、填埋场覆土甲烷氧化实验。其中，甲烷氧化实验又包括生物炭改性对覆土甲烷氧化的影响研究和覆土中间层曝气对甲烷氧化的影响研究两个部分。

（1）不同热解温度生物炭的制备

对杨木木屑进行慢速热解，设置了 4 种热解终温（300℃、400℃、500℃、600℃），得到 4 种生物炭产物（以下分别缩写为 BC300、BC400、BC500、BC600）。对四种生物炭进行理化性质表征，包括密度、pH、电导率、比重、孔隙度、阳离子交换容量、SEM 扫描电镜、元素分析、BET 比表面积及孔容、离子色谱分析、能量色散型 X 射线（EDX）荧光分析、傅里叶变换红外光谱分析等。

（2）甲烷氧化菌的纯化培养

从填埋场顶层采集覆土，参照文献中的甲烷氧化菌培养方法，对覆土中的甲烷氧化菌进行纯化、富集培养，并在甲烷氧化实验中施用到生物炭改性覆土中。

（3）生物炭对覆土甲烷氧化的影响研究

为了探究不同温度下制备的生物炭及其与覆土混合比例对覆土甲烷氧化效果的影响，设置了 3 批静态瓶实验，分别是探究生物炭对甲烷的物理吸附效果、以15% 质量比将 4 种生物炭与覆土混合、以 15% 体积比将 4 种生物炭与覆土混合。表 9-1 展示了生物炭分别按照 15% 质量比和 15% 体积比和覆土混合的详细批实验设计。此外，还探究不同热解温度烧制的生物炭理化特性的改变对改性覆土甲烷氧化效能的影响。通过气体浓度测定，计算各组甲烷氧化效率、累计甲烷氧化量等比较结果。

表 9-1　生物炭混合覆土甲烷氧化批实验设计

组别	生物炭（15%，质量比）			组别	生物炭（15%，体积比）		
	土壤/g	生物炭/g	对应生物炭体积比/%		土壤/g	生物炭/g	对应生物炭质量比/%
BL1	—	—	—	BL2	—	—	—
S1	20	—	—	S2	20	—	—
S1-BC300	17	3	52.1	S2-BC300	17	0.487	2.78
S1-BC400	17	3	52.9	S2-BC400	17	0.472	2.70
S1-BC500	17	3	55.0	S2-BC500	17	0.434	2.49
S1-BC600	17	3	54.5	S2-BC600	17	0.441	2.53

（4）曝气对生物炭改性覆土甲烷氧化的影响研究

经过生物炭对覆土甲烷氧化的影响研究，选择效果最优的生物炭烧制温度（400℃）及最优混合比例（15% 体积比），设置土柱实验探究生物炭对覆土甲烷氧化的长期效果。并在土柱实验中，再引入覆土中间层曝气的方法，探究双重强化措施对覆土甲烷氧化的影响。

实验总共设计了 3 个尺寸相同的土柱，包括对照组（SZ）、生物炭改性组（SZ-BC）和生物炭改性加曝气组（SZ-BC-Air）。图 9-2 展示了 SZ-BC-Air 的详细结构。其中柱子 SZ-BC 的生物炭装填高度和方式与柱子 SZ-BC-Air 一致。

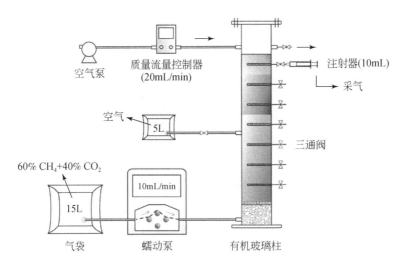

图 9-2　土柱结构示意图

从填埋场采回覆土后，立即进行筛分，过 10 目 （<2mm） 筛网。通过体积与密度的计算，将定量覆土与 BC400 按体积比各占 85% 与 15% 混合均匀，进行 3 个柱的装填工作。每填 5cm 覆土，均匀滴加 20mL 培养后的菌液，即每个柱子共滴加 300mL 菌液，约增加土壤 2% 的含水率。填好后的前两周作为预培养阶段。

确定好底部填埋气进气速率 （10mL/min，约 367g CH_4/（$m^2 \cdot d$）） 与顶部空气通风速率 （20mL/min） 后，开始正式实验。柱实验分为 3 个阶段，共持续 101d。第 1 阶段 （1~7d），SZ-BC-Air 柱覆土中间层不曝气，即 SZ-BC 柱与 SZ-BC-Air 柱作为实验条件相同的平行组，观察两个柱子是否存在明显差异。经过 7d 的观测，发现重复性良好，即进入第 2 阶段；第二阶段 （8~36d），每天在测完各柱气体浓度后，向 SZ-BC-Air 柱 40cm 深度处的曝气孔一次性鼓入 5L 空气 （柱中土壤孔隙体积约为 4L），观察中间层曝气对覆土甲烷氧化的影响，直到效果达到稳定；第 3 阶段 （37~101d），改为每天向 SZ-BC-Air 柱 40cm 深度处的曝气孔连续8h 通入共 5L 空气，速率约为 10mL/min （同底部填埋气进气速率）。实验结束后，将 3 个柱子的土分层取出，保存好 5cm、35cm 和 65cm 层的土壤样品，进行理化性质与微生物群落分析。

9.2.2　土壤与生物炭初始理化特征

热解前的杨木木屑及热解后的 4 种生物炭外观形态如图 9-3 所示，可以发现

300℃热解终温下的木屑还未完全炭化，呈棕色，而400℃、500℃、600℃热解终温下的木屑已经完全炭化，呈黑色。

(a) 木屑 　　　　　　(b) BC300

(c) BC400 　　　　(d) BC500 　　　　(e) BC600

图 9-3　木屑和生物炭外观图

土壤初始理化性质见表9-2，四种生物炭初始理化性质如表9-3所示。

表 9-2　覆土初始理化性质表

性质		覆土	性质	覆土
体积密度/(g/cm^3)		1.20	比重	2.26
孔隙率		0.47	pH	6.58
孔隙比		0.89	阳离子交换容量/(cmol/kg)	16.07
粒径比例/%	0.85~2.00mm	15.96	水分/%	12.43
	0.425~0.85mm	35.83	挥发分/%	3.23
	0.150~0.425mm	33.62	灰分/%	83.80
	<0.150mm	14.59	固定碳/%	0.63

表 9-3　四种生物炭初始理化性质表

性质	生物炭			
	BC300	BC400	BC500	BC600
产率/%	71.51	36.71	30.46	28.29
体积密度/(g/cm^3)	0.19	0.19	0.17	0.18
比重	0.38	0.24	0.80	0.25

性质		生物炭			
		BC300	BC400	BC500	BC600
孔隙率		0.49	0.23	0.78	0.31
孔隙比		0.95	0.30	3.60	0.44
粒径比例/%	0.85～2.00mm	27.97	7.58	3.91	4.05
	0.425～0.85mm	45.29	37.88	33.70	31.57
	0.150～0.425mm	21.30	42.55	48.67	44.84
	<0.150mm	5.44	12.00	13.71	19.54
pH		6.11	7.16	7.35	9.18
阳离子交换容量/(cmol/kg)		47.86	69.29	48.57	41.43
微孔比表面积/(m²/g)		98.71	205.52	293.13	405.35
平均孔径/nm		1.035	0.884	0.859	0.825
微孔体积/(cm³/g)		0.0329	0.0685	0.0977	0.1351
水分/%		3.90±0.10	2.76±0.04	4.37±0.17	3.46±0.04
挥发分/%		91.79±0.29	84.37±0.28	70.35±2.10	57.07±1.23
灰分/%		3.35±0.33	7.60±0.70	8.16±0.89	9.84±0.59
固定碳/%		0.96±0.06	5.27±1.01	17.12±2.83	29.63±1.86
有机元素比例/%	C	53.99±1.11	70.89±0.29	71.22±1.77	78.35±0.75
	H	8.54±0.13	5.06±0.76	3.39±0.31	2.49±0.17
	N	0.33±0.07	0.49±0.03	0.52±0.01	0.51±0.01
EDX元素比例/%	Ca	64.21±0.62	63.13±0.61	64.37±0.54	65.55±0.55
	K	13.23±2.59	17.36±1.77	15.84±1.75	16.38±1.74
	Si	11.16±0.30	4.41±0.33	7.57±0.27	7.35±0.26
	Fe	8.94±0.18	11.17±0.20	9.02±0.15	8.02±0.13
	S	0.98±0.38	1.24±0.33	0.79±0.26	0.82±0.27

9.2.3 甲烷氧化菌的培养效果

甲烷氧化菌的纯化培养共进行了5个周期。5个周期甲烷氧化菌纯化培养实验中甲烷浓度变化如图9-4所示。

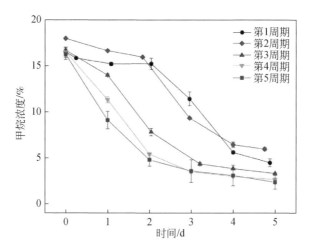

图 9-4　甲烷氧化菌液培养甲烷浓度 5 个周期变化图

9.2.4　生物炭的甲烷物理吸附效果

生物炭的甲烷物理吸附效果如图 9-5 所示，包括采用了不同质量的 BC500 和 BC600，观察它们在不同初始甲烷浓度水平下的甲烷吸附行为。从图中的甲烷浓度变化图可以看出，所有组都未显示出明显的甲烷吸附效果。

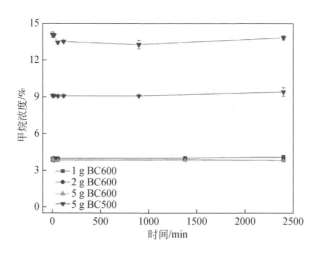

图 9-5　生物炭的甲烷物理吸附

9.2.5 生物炭改性对覆土甲烷氧化性能影响

（1）生物炭用量和烧制温度影响

累积甲烷氧化量的柱状图如图9-6所示。可看出，当使用15%质量占比的生

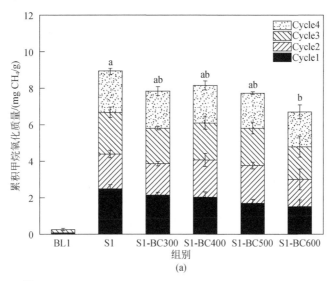

(a)

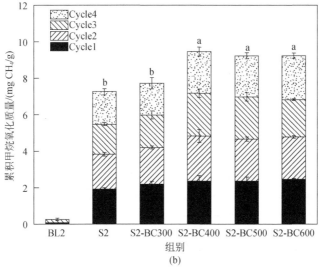

(b)

图9-6 生物炭改性覆土的累积氧化甲烷结果图

（a）和（b）分别为使用15%质量比和15%体积比，图中字母

字母a，b表示不同组间存在显著性差异（$P<0.05$）

物炭时，所有 300~600℃ 烧制的生物炭均未出现对填埋场覆土的甲烷氧化性能的促进作用。相反，与对照组（S1）相比，所有生物炭改性覆土组的甲烷氧化累积量均有不同程度的下降，甚至 S1-BC600 组显现出了明显的抑制效果（$P<0.05$）。与对照组相比，S1-BC600 的累积甲烷氧化量下降了 24.6%。经推测，加入生物炭改性后出现的覆土甲烷氧化能力的下降，可能是由于生物炭具有大的比表面积，而较多的生物炭使用明显减少了覆土中气液传质的有效界面面积。此外，S1-BC600 组中显著的甲烷氧化能力的下降，还可能与 BC600 明显高于其他生物炭的碱性（pH=9.18）有关（甲烷氧化菌更适宜于甲烷呈弱酸性到中性的生长环境）。

当生物炭的使用量从 15% 质量占比减少到 15% 体积占比（对应 2.49~2.78% 的质量占比）后，生物炭改性覆土的甲烷氧化速率相较于对照组（S2）均出现了不同程度的提升，且此差异与生物炭的制备温度直接相关。其中，对照组的甲烷氧化速率为 0.55mg CH_4/（g·d），而 S2-BC300、S2-BC400、S2-BC500 和 S2-BC600 的甲烷氧化速率分别为 0.75、0.73、0.72 和 0.58mg CH_4/（g·d）。最终，S2-BC300 组的甲烷氧化累积量只提升了 6%，而 S2-BC400、S2BC500 和 S2-BC600 分别提升了 31%、27% 和 27%。

（2）生物炭对覆土理化特性影响

使用 15% 体积占比生物炭改性覆土后的土壤理化指标变化如表 9-4 所示。可看出，实验结束后，生物炭改性覆土组的含水率、电导率以及阴阳离子含量与对照组相比均有了明显的不同，但生物炭改性并未明显改变土壤的 pH（均呈弱酸性）。生物炭由于具有较好的持水能力，所有的生物炭改性覆土组的含水率相较于对照组均有所提升，但不同生物炭改性覆土组之间的差异并不明显。此外，由于生物炭具有明显高于土壤的阳离子交换能力，生物炭的加入使得实验结束后改性土壤中的钾离子和钠离子含量都明显高于对照组，预示着生物炭很可能提高了土壤的肥沃度，进而对甲烷氧化活动产生了积极的促进作用。并且，与其他温度烧制的生物炭相比，BC400 具有最高的阳离子交换容量以及铁离子含量，很可能是 BC400 改性覆土具有最高的甲烷氧化能力的重要原因。

表 9-4 生物炭 15%（体积比）改性覆土的初始和最终理化特性

理化指标	最初	最终				
	S2	S2	S2-BC300	S2-BC400	S2-BC500	S2-BC600
含水率/%	12.43	18.94	22.02	21.43	22.78	22.05

理化指标	最初	最终				
	S2	S2	S2-BC300	S2-BC400	S2-BC500	S2-BC600
pH	6.58	6.21	6.21	6.38	6.78	6.13
电导率/(μs/cm)	41.64	51.74	70.2	79.98	70.89	68.5
$NO_2^- -N/(mg/L)$	0.41±0.01	0.35±0.00	0.49±0.01	0.64±0.01	0.60±0.02	0.53±0.01
$NO_3^- -N/(mg/L)$	0.49±0.00	0.43±0.01	1.15±0.34	0.79±0.05	0.79±0.03	0.87±0.00
$SO_4^{2-} -S/(mg/L)$	4.53±0.04	7.33±0.01	9.12±0.07	8.78±0.03	9.13±0.17	8.76±0.02
$Cl^-/(mg/L)$	1.08±0.08	1.30±0.04	1.84±0.03	1.85±0.06	1.94±0.01	2.10±0.05
$F^-/(mg/L)$	0.25±0.06	0.16±0.00	0.14±0.01	0.17±0.01	0.37±0.02	0.44±0.05
$Ca^+/(mg/L)$	3.80±0.14	4.33±0.07	3.44±0.07	4.23±0.07	3.66±0.06	3.98±0.02
$Mg^{2+}/(mg/L)$	0.91±0.00	0.98±0.00	0.99±0.00	1.02±0.00	0.98±0.00	0.99±0.00
$K^+/(mg/L)$	2.12±0.03	3.75±0.09	5.38±0.07	7.38±0.13	7.73±0.08	7.71±0.08
$Na^+/(mg/L)$	0.71±0.04	1.48±0.06	2.34±0.05	2.52±0.12	2.73±0.04	2.92±0.06

生物炭的阳离子交换容量由其表面积和表面官能团决定,受到制备温度和原料的影响。在较高的制备温度下,生物炭会出现相对较大的表面积,但是其结构中丰富的官能团也会提供负电荷。本实验的结果也验证了这一结论,虽然随着热解温度的升高(300~600℃),生物炭的表面积和微孔体积逐渐增加,但是阳离子交换容量并没有随之线性增加,而是在BC400达到峰值并随之下降,说明生物炭的阳离子交换容量不总是随制备温度的升高而增加。

(3)甲烷氧化后气体组成分析

使用15%体积占比生物炭与覆土混合的甲烷氧化小瓶实验过程中,消耗的氧气和产生的二氧化碳,分别与消耗的甲烷的比值如图9-7所示。

其中,氧气消耗体积与甲烷消耗体积之比值为0.99:1(S2-BC400组)~1.30:1(S2组),二氧化碳产生的体积与甲烷消耗体积之比为0.76:1(S2-BC400组)~0.87:1(S2组)。理论上,根据好氧甲烷氧化的标准转化过程,氧气消耗体积与甲烷消耗体积应严格遵守2:1的比值,而二氧化碳产生的体积与甲烷消耗体积应严格遵守1:1的比值。但所有组别测得的氧气消耗量都远低于理论消耗量,特别是S2-BC400组和S2-BC500组。考虑到甲烷至二氧化碳的转化过程涉及从CH_4转化为CH_3OH、$HCHO$、$HCOOH$,最后到CO_2的一系列变化,较低的氧气消耗量和较低的二氧化碳产生量说明甲烷可能没有完全转化为二氧化碳,而是有部分停留在一些中间产物阶段。

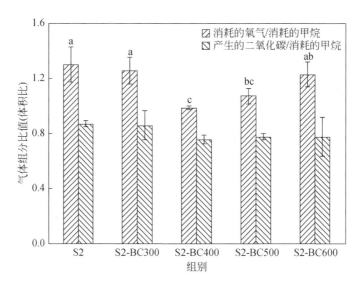

图 9-7　气体消耗或产生体积的比值

图中上字母 a，b，c 表示不同组间存在显著性差异（$P < 0.05$）

（4）生物炭对覆土微生物群落结构影响

图 9-8 展示了 15%（体积比）生物炭改性对覆土的微生物群落结构影响。富集的甲烷氧化菌液中主要的甲烷氧化菌为Ⅱ型甲烷氧化菌 *Methylocystaceae*，因此 *Methylocystacea* 在对照组和所有生物炭改性覆土组中均是主要的甲烷氧化菌。

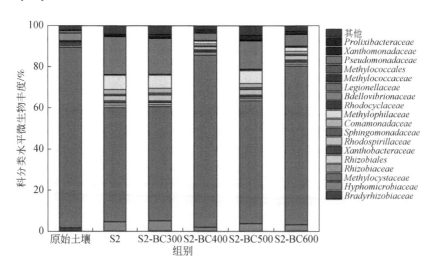

图 9-8　生物炭（15%体积比）对覆土微生物群落结构影响

实验结束后，*Methylocystacea* 在对照组中的相对丰度为55%。经15%体积比的生物炭改性后，土壤中 *Methylocystacea* 的相对丰度在 S2-BC400 和 S2-BC600 组得到了明显提升，分别为84%和77%，在 S2-BC500 中仅得到了微弱提升（60%），而在 S2-BC300 中无明显变化（56%）。该结果也与以上生物炭改性覆土的甲烷氧化能力结果一致。

结合生物炭改性覆土的甲烷氧化能力和土壤理化特性结果，可得知，合适的生物炭使用量和烧制条件是保证生物炭起到积极的促进覆土甲烷氧化能力的关键。15%（质量比）的生物炭，其相应的体积比高达50%以上，对覆土的甲烷氧化能力反而起到抑制作用。相反，15%体积比生物炭使用量被证实能起到积极的促进改性覆土甲烷氧化能力的作用。虽然生物炭的孔隙度和比表面积等一般随着烧制温度的增加而增加，但生物炭对于改性覆土的甲烷氧化能力的提升并不与烧制温度呈正相关。在本研究中，400℃烧制生物炭改性覆土呈现出了最理想的促甲烷氧化菌生长和甲烷氧化的效果，考虑到成本（更高的生物炭烧制温度需要更高的耗能），400℃烧制温度被推荐使用。且在选择用其他木质废弃物烧制生物炭的热解温度时，生物炭的阳离子交换能力和铁离子含量可作为重要依据。

9.2.6 曝气提升生物炭改性覆土的甲烷氧化性能

(1) 覆土性质变化

柱实验初始覆土和3个柱子（5cm，35cm 和65cm 深处）最终土壤理化性质如表9-5所示。从表中可以看出，3个柱子的平均 pH 对比初始覆土只有略微变化，不同深度的土壤 pH 也仅有较小的差异。这一现象表明，添加生物炭、曝气或土壤深度都对 pH 环境没有明显影响。

表9-5　柱实验初始和最终土壤理化性质

组别	土壤深度	pH	含水率/%	$NO_3^- - N/(mg/L)$
初始覆土		6.87	14±0.16	1.42±0.03
SZ	5cm	7.29	16±0.26	0.94±0.10
	35cm	6.91	13±0.07	0.22±0.01
	65cm	6.56	14±0.58	0.27±0.01
	平均	6.92	14	0.48

组别	土壤深度	pH	含水率/%	$NO_3^- \text{-} N/(mg/L)$
SZ-BC	5cm	6.73	13±0.27	0.36±0.01
	35cm	6.83	14±0.20	0.24±0.01
	65cm	6.66	16±0.16	0.24±0.01
	平均	6.74	14	0.28
SZ-BC-Air	5cm	7.02	15±0.41	0.95±0.02
	35cm	7.35	16±0.51	0.40±0.02
	65cm	6.83	16±0.08	0.26±0.01
	平均	7.07	16	0.54

此外，3 个柱子各深度的土壤含水率没有明显差异，均为 13%~16%，处在适宜甲烷氧化菌生长的湿度范围。

甲烷氧化菌的生长也会受土壤中的营养物质影响，比如氮素营养。本实验中，原始土壤的 NH_4^+ 和 NO_2^- 含量都很低，而 NO_3^- 含量为 1.42mg/L，再加上滴加的甲烷氧化菌液中的 $NO_3^-\text{-}N$ 作为主要的氮素营养。在实验结束后，3 个柱子的 $NO_3^-\text{-}N$ 含量都有明显减少，且中下层土壤的 $NO_3^-\text{-}N$ 含量大幅降低，柱子各深度 $NO_3^-\text{-}N$ 含量的差异暗示了各层覆土中的甲烷氧化菌有着不同的甲烷氧化活性。

（2）纵向气体变化

3 个柱子 5cm，35cm 和 65cm 深度处 4 种气体（二氧化碳、氧气、氮气和甲烷）在 3 个阶段的平均浓度如图 9-9 所示。由于氮气不参与化学或生物过程而能作为空气渗透深度的指标。土柱 SZ、SZ-BC 和 SZ-BC-Air 3 个周期的平均氮气浓度，在 5cm 处分别为（72±3）%、（75±1）% 和（75±1）%；在 35cm 处分别为（60±4）%、（66±2）% 和（66±2）%；在 65cm 处分别为（48±4）%、（54±2）% 和（53±3）%。可以看出土柱 SZ-BC 和土柱 SZ-BC-Air 中下层的氮气浓度高于对照组 SZ，这表明在中间层添加了 15%（体积比）生物炭使得土壤结构中的空气通道更自由，因此增强了空气渗透性。

除此之外，在整个实验过程中，3 个柱子所有深度的氮气浓度都十分稳定。这表明，3 种土壤覆盖层累积的生物量对空气渗透能力的影响均可忽略。

图 9-10 绘制了 3 个柱子的纵向深度 7 个采气孔的气体（二氧化碳、氧气、氮气、甲烷）浓度分布。3 个阶段各选取了代表性的一天进行分析，分别为 1d

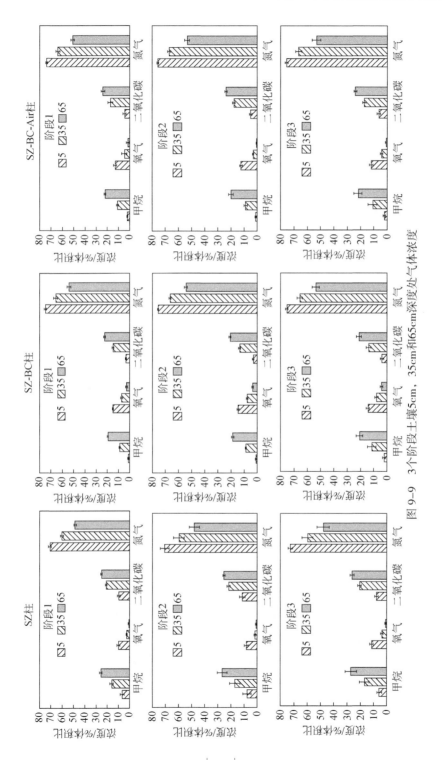

图9-9 3个阶段土壤5cm，35cm和65cm深度处气体浓度

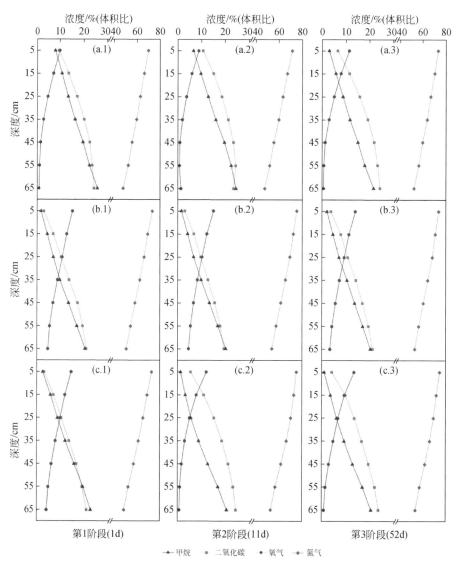

图 9-10 三个阶段纵向深度气体浓度分布

（a）SZ；（b）SZ-BC；（c）SZ-BC-Air

（第 1 阶段）、11d（第 2 阶段）和 52d（第 3 阶段）。对于 SZ 柱，在 3 个阶段中，55cm 土壤深度及以下均几乎检测不到氧气，表明好氧甲烷氧化主要发生在 55cm 以上的土壤中。但对于添加了生物炭的 SZ-BC 柱和 SZ-BC-Air 柱，第一阶段氧气可以渗透到更深的位置，在 65cm 处 O_2 浓度分别为 4.8% 和 4.3%，这也与上文中提到的更高的氮气浓度相符。

(3) 不同深度甲烷氧化效率

三个土柱不同深度覆土的动态甲烷氧化效率如图 9-11 所示。经计算，各深度累积的 CH_4 氧化效率分别为，SZ 柱（33±9）%（5cm），（27±7）%（35cm），（17±4）%（65cm）；SZ-BC 柱（46±8）%（5cm），（31±6）%（35cm），（19±3）%（65cm）；SZ-BC-Air 柱（62±11）%（5cm），（41±7）%（35cm），（22±4）%（65cm）。该结果表明：①3 个柱子都是 35cm 以上覆土层对甲烷氧化起主要作用；②对于 SZ-BC 柱，在 10～30cm 覆土层添加生物炭主要影响 35cm 以上覆土层的甲烷氧化效率；③对于 SZ-BC-Air 柱，曝气进一步加强了 40cm 以上覆土层的甲烷氧化效率。

从图 9-11（a）和图 9-11（b）中可以看出，5cm 和 35cm 覆土层甲烷氧化效率在 3 个阶段出现了明显波动。在第 1 阶段和第 2 阶段，观察各柱子 5cm 和 35cm 覆土层，相对于 SZ 柱，SZ-BC 柱和 SZ-BC-Air 柱表现出相当高的甲烷氧化效率。而在实验末尾，3 个柱子 35cm 以上覆土层甲烷氧化效率都开始降低，SZ-BC 柱的发生时间点更早且出现一个陡降。

在第 3 阶段，3 个柱子都出现甲烷氧化效率降低的原因，可能是氮素营养的消耗。一些甲烷氧化菌具固氮活性，因此存在甲烷氧化过程和固氮的相互作用。SZ 柱 5cm 覆土层比 35cm 和 65cm 覆土层保留了更多的 NO_3^--N，可能是由于上层甲烷氧化菌具有更强的固氮活性。虽然生物炭可以减少氮素的损失，但通过添加

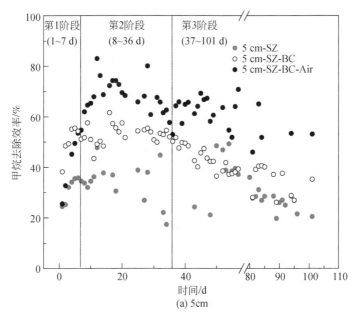

(a) 5cm

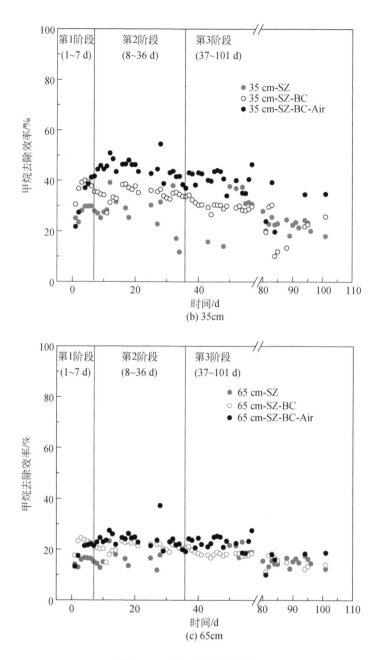

图 9-11　动态甲烷去除效率

生物炭也增强了 SZ-BC 柱 35cm 以上覆土层的甲烷氧化菌活性，比 SZ 柱的氮素营养消耗得更快，特别是在甲烷氧化主要发生的 5cm 覆土层，这也解释了 SZ-BC 柱更早出现 CH_4 氧化效率降低的现象。然而，在对 SZ-BC-Air 柱进行曝气后，其 5cm 覆土层保留了与 SZ 柱相当水平的 $NO_3^- -N$，甚至在 35cm 覆土层 $NO_3^- -N$ 含量更高。这可能归因于对 SZ-BC-Air 柱进行曝气后，甲烷氧化菌活性被加强的同时，也强化了固氮作用，并弱化了氧气受限区域 NO_3^- 的脱氮作用。

（4）整体甲烷去除效率

图 9-12 展示了 3 个土柱在整个观测周期的平均出气口甲烷释放速率及平均氧化甲烷效率。土柱实验总共运行了 101d。对照组 SZ 的平均甲烷氧化率为 78.6%，而覆土经生物炭改性后，柱子 SZ-BC 的平均甲烷氧化率提升到 85.2%。结合曝气后，生物炭改性覆土的甲烷氧化能力进一步提升，达到 90.6%（SZ-BC-Air）。由于氧化效率的不同，对照组的甲烷释放速率为 78.4g/（m² · d），分别是柱子 SZ-BC 和 SZ-BC-Air 的 1.4 倍和 2.3 倍。

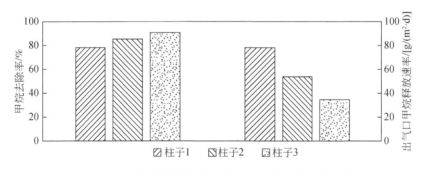

图 9-12　三个土柱整体甲烷去除率和甲烷释放速率比较

除了上述提及的生物炭改性覆土的优势（生物炭影响土壤的理化特性及微生物群落结构），生物炭对于覆土甲烷氧化活动的促进作用还体现在土柱中更深入的氧气渗透，以及更有效的甲烷和氧气的接触。对照组仅依靠表层的新鲜空气在土柱中的自然渗透来提供甲烷氧化活动所需要的氧气，由于氧气渗透能力的限制，甲烷氧化活动主要在柱子 SZ 中 5cm 以上覆土层进行。采用高孔隙度的生物炭对覆土层 10～30cm 进行改性，由不同高度层氮气浓度来推测氧气渗透情况，结果发现生物炭微弱的促进了氧气在整个土柱中的渗透，但主要还是促进了 35cm 以上覆土层的甲烷氧化活动。通过中间层曝气（40cm），柱子 SZ-BC-Air 中 35cm 以上覆土层整体呈现了相较于柱子 SZ-BC 的明显提升的甲烷氧化效率。此外，通过长期观测，发现柱子 SZ-BC 相较于对照组的优势，在实验后期（60d 之后）已不再明显，可能是由于前期强烈的甲烷氧化活动导致了土壤中氮素营养物质（NO₃⁻）的过快消耗，而使得后期甲烷氧化菌活动减缓。而柱子 SZ-BC-Air 的高甲烷氧化速率在整个周期都可观察到，结合土壤中 NO_3^- 含量结果和微生物群落结构分析，推测可能是由于土柱中的主要甲烷氧化菌 *Methylocystis*（贡献了所有甲烷氧化菌属 95% 以上的相对丰度）具有生物固氮作用（图 9-13），而更为强烈的甲烷氧化活动也能导致土壤中固氮活性的增加，进而促进了更多的氮素营养物质在土壤中的累积，且曝气作用也抑制了反硝化过程导致的脱氮作用。

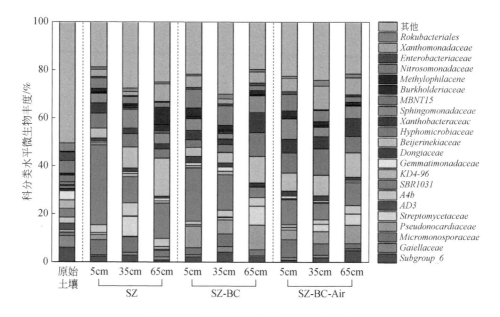

图 9-13　3 个柱子科分类水平微生物丰度

9.3　本章小结

利用填埋场覆土氧化甲烷实现甲烷的自然减排是国内外公认的最为经济有效的方式，近年来，生物炭在改性土壤方面的优异性能得以被研究发现。基于此，分别展开了批实验和柱实验探究生物炭对填埋场覆土甲烷氧化能力的影响，主要结果为：生物炭改性填埋场覆土的甲烷氧化能力与生物炭的使用量及制备条件相关，过多生物炭的使用将对覆土的甲烷氧化能力产生不利影响，但合适的生物炭使用量却能有效提升填埋场覆土的甲烷氧化能力。生物炭使用量和制备温度对促进覆土甲烷氧化能力起到关键作用。

在此基础上，进行土柱实验模拟填埋场表层覆土，发现曝气能进一步提升生物炭改性覆土层的甲烷氧化能力，且使得提升的甲烷氧化效果更为持久。但生物炭改性覆土以及曝气带来的高效甲烷氧化能力在实际的填埋场如何长期稳定保持需要在实际工程应用方面进一步探索。

参 考 文 献

费平安，王琦 . 2008. 填埋场覆盖层甲烷氧化机理及影响因素分析 [J]. 可再生能源，26 （1）：97-101.

何品晶，瞿贤，杨琦，等 . 2006. 填埋场终场覆盖层甲烷氧化行为实验室模拟研究 [J]. 环境科学学报，26 （1）：40-44.

刘秉岳，赵仲辉，涂欢欢，等 . 2015. 生物炭改性填埋场覆盖粉土的甲烷氧化能力试验研究 [J]. 科学技术与工程，15 （36）：99-104.

邢志林，赵天涛，何芝等 . 2017. 覆盖土催化甲烷生物氧化的材料优选与动力学模型 [J]. 环境工程学报，11 （4）：2575-2583.

杨文静，董世魁，张相锋，等 . 2010. 不同生物覆盖层厚度对甲烷氧化的影响研究 [J]. 环境污染与防治，32 （7）：20-24.

Abichou T, Mahieu K, Yuan L, et al. 2009. Effects of compost biocovers on gas flow and methane oxidation in a landfill cover [J]. Waste Management, 29 （5）：1595-1601.

Caldwell S L, Laidler J R, Brewer E A, et al. 2008. Anaerobic oxidation of methane：Mechanisms, bioenergetics, and the ecology of associated microorganisms [J]. Environmental Science and Technology, 42 （18）：6791-6799.

Gebert J, Groengroeft A, Pfeiffer E M. 2011. Relevance of soil physical properties for the microbial oxidation of methane in landfill covers [J]. Soil Biology and Biochemistry, 43 （9）：1759-1767.

He P, Yang N, Fang W, 2011. Interaction and independence on methane oxidation of landfill cover soil among three impact factors：water, oxygen and ammonium [J]. Frontiers of Environmental science & Engineering in China, 5 （2）：175-185.

He R, Wang J, Xia F, 2012. Evaluation of methane oxidation activity in waste biocover soil during landfill stabilization [J]. Chemosphere, 89 （6）：672-679.

Huang D, Yang L, Xu Q. 2019. Comparisons of methane-oxidizing capacities of landfill cover soils amended by biochar produced from different pyrolysis temperatures [J]. Science of the Total Environment, 693：1-9.

Majdinasab A, Yuan Q. 2017. Performance of the biotic systems for reducing methane emissions from landfill sites: A review [J]. Ecological Engineering, 104: 116-130.

Mukherjee A, Lal R, 2014. Zimmerman A. R. Effects of biochar and other amendments on the physical properties and greenhouse gas emissions of an artificially degraded soil [J]. Science of the Total Environment, 487: 26-36.

Oliveira F R, Patel A K, Jaisi D P, 2017. Environmental application of biochar: current status and perspectives [J]. Bioresource Technology, 246: 110-122.

Reddy K R, Yargicoglu E N, Yue D. 2014. Enhanced microbial methane oxidation in landfill cover soil amended with biochar [J]. Journal of Geotechnical and Geoenvironmental and Geoenvironmental Engineering, 140: 04014047.

第 10 章 填埋场恶臭污染及其常用控制技术

恶臭是世界七大环境公害之一，而垃圾填埋场则是其中最主要的一种恶臭污染源，垃圾填埋场恶臭污染已引起全球广泛关注。随着我国经济的快速增长，人民生活水平日渐提高，社会对环境质量的要求日益严格，公众对填埋场恶臭污染问题的投诉也屡见报端，甚至造成影响较大的公共事件。填埋场恶臭污染在严重影响周围居民生活质量的同时，也对社会经济发展产生巨大的负面影响。因此，针对填埋场恶臭的特征采用合适的技术对填埋场恶臭污染进行控制至关重要。

10.1 填埋场恶臭的来源及特征

10.1.1 填埋场主要恶臭气体

填埋气中的微量气体（<2%，体积比）是导致填埋场恶臭污染的主要原因。微量气体的主要组分包括含氮化合物（如氨、胺类、吲哚等）、含硫化合物（如硫化氢、硫醇、硫醚等）、烃类及芳香烃、卤代烃以及酮、醇、醛、酚等含氧有机物等。这些微量气体虽然浓度一般较低，但很多都带有强烈气味，形成恶臭。

由于不同城市生活垃圾的组成成分不同，以及填埋场操作和各地区气象、水文等条件的差异，不同垃圾填埋场的恶臭气体组分及其贡献也有所不同。学者普遍认为填埋气中氨气（NH_3）和含硫化合物的恶臭贡献率最高，其中含硫化合物是对环境影响最为显著的一类物质，除最为常见的硫化氢（H_2S）外，还包括甲硫醇（MM）、甲硫醚（DMS）、二甲基二硫醚（DMDS）和二硫化碳（CS_2），在填埋气中占据约1%。

恶臭气体的产生主要发生于填埋阶段，其来源广泛，垃圾填埋作业区、渗滤液收集处理系统、未有效覆盖的已填埋区、运输车辆等均能产生恶臭气体。垃圾填埋作业区对周边环境的恶臭污染贡献度最高，恶臭污染物释放强度与垃圾填埋作业面的面积成正比。

10.1.2　填埋场恶臭特征

生活垃圾填埋场恶臭的形成机理复杂，填埋物质经过一系列合成、分解等作用最终形成了填埋场恶臭。填埋场恶臭污染一方面是由带恶臭气味的物质所引，另一方面非恶臭物质还会和恶臭物质发生化学反应而产生新的恶臭污染。因此，填埋场臭气浓度并非单个恶臭物质浓度的简单线性累加，而是填埋气体中的所有组分综合作用后的结果。

生活垃圾填埋场的恶臭具有季节性变化特征。夏季恶臭物质浓度一般高于其他季节，这主要是由于夏季人们消耗更多的瓜果蔬菜，且高温和高湿加快了垃圾中有机物的降解。另外，气象条件也会影响恶臭物质的浓度和扩散行为。恶臭浓度在气压较高的条件下呈现较低水平；恶臭物质在风向不稳定及弱风条件下不易扩散，这会加剧垃圾填埋场的恶臭污染。

10.2　恶臭污染控制技术

大部分恶臭气体具有嗅觉阈值偏低的特征，可通过刺激人体嗅觉器官而引起人们的不适从而损害生活环境质量。若短期大量或长期暴露于恶臭环境中，人体呼吸、循环、消化、内分泌和神经等系统都会产生不同程度的损害，出现呼吸不畅、恶心呕吐、烦躁不安、头昏脑涨等。高浓度恶臭爆发时，甚至会使人失去知觉、窒息死亡。

《生活垃圾填埋场污染控制标准》（GB 16889—2008）规定了生活垃圾填埋场在运行过程中必须采取有效的控制手段来防止恶臭物质的扩散。在生活垃圾填埋场周围环境敏感点方位的场界恶臭污染物浓度应符合《恶臭污染物排放标准》（GB 14554—93）的规定。填埋场恶臭污染控制技术包括预防处理、填埋作业控制及终端处理。目前大多数填埋场主要还是采取终端处理的方法来缓解恶臭影响。

10.2.1　预防处理

在垃圾收运过程中加强管理是预防臭气产生的重要措施，如及时清除陈腐垃圾、定时喷洒药剂等。在垃圾收运前端加入处理菌剂可使垃圾进入填埋场之前的腐败过程变成发酵过程，以控制恶臭物质的产生。

10.2.2　填埋作业控制

垃圾填埋场的管理粗放，作业面面积和垃圾摊铺面大，以及作业机械的运程较远，均会导致垃圾作业过程中恶臭污染物排放量的增加。控制填埋作业区恶臭污染的关键在于每日最小作业暴露面的工艺控制和填埋作业的连贯紧凑。首先，应根据填埋垃圾处置量的大小，合理规划垃圾填埋作业单元的大小及形状，最大限度地减少暴露作业面面积。其次，卸料、推铺及压实等作业过程应进行优化设计，做到紧凑有序，并尽可能减小作业机械的运程，避免大范围反复扰动垃圾堆体；垃圾的摊铺压实密度在合理范围内应尽可能增大，以减小单位垃圾量的暴露面积。

10.2.3　终端集中处理

终端集中处理恶臭技术主要通过对收集的填埋场恶臭气体进行物理、化学、生物或者联合的处理达到恶臭减排的目的。填埋场恶臭污染终端处理技术优缺点总结见表 10-1。

表 10-1　恶臭污染的处理技术

方法		优点	缺点	适用范围
物理法	吸附法	去除效率高，能脱除痕量物质	吸附容量小，设备体积大，流程复杂，有二次污染	多用于联合工艺的末端净化
	冷凝法	可回收有价值的产品	成本高	经过预处理，浓度高，流量大臭气
	水吸收法	操作简单，投资和运行成本低	非水溶性恶臭物质净化效果不好，产生废液	多用于预处理过程
	膜分离法	节能，效率高	成本高	应用范围广泛

续表

方法		优点	缺点	适用范围
化学法	吸收法	效率高，设备简单，一次性投资费用低	设备易腐蚀，废液需处理	应用范围广泛
	热力燃烧法	彻底矿化，回收热量	投资运行费用昂贵	适用较小气量与较高浓度的场合
	催化燃烧法	效率高，压降小，所需设备体积小，造价低，矿化彻底	催化剂价格高，且易中毒	适用流量大，污染物浓度较低的废气
	光催化氧化法	高效稳定，矿化彻底，反应条件温和，无二次污染，投资少	对废气预处理要求高，光利用效率还较低	适用于低浓度、低流速的废气及痕量污染物去除
生物法	生物过滤池	投资运行费用低，处理效率高，压降小	占地大，需定期更换填料，操作条件不易控制，缓冲能力差，滤床易堵塞	适用于气体流量大，成分复杂但较稳定场合
	生物滴滤池	无须更换滤料，处理负荷大，缓冲能力强，运行费用低	操作复杂，需不断投加营养物，传质面积小，污泥有待处理，微生物过量繁殖会引起堵塞	
	曝气式吸收	经济简单，可借鉴污水处理设施	受曝气强度限制，需控制气液体积比，单独用于除臭成本高	
	洗涤式吸收	占地小，压降低，处理量大，操作条件易于控制	投资原型费用高，需不断投加营养物，操作复杂，传质面积小，剩余污泥待处理	适用范围广泛
联合法		如活性炭吸附–微生物降解法，湿式洗涤–微生物降解法，化学吸收–吸附法等		

10.3 无组织排放恶臭的原位控制

目前依然有相当部分垃圾填埋场未配备有填埋气收集系统，传统的工业去除硫化氢方法在这部分填埋场并不适用；且填埋场恶臭气体的排放多为多点面源无组织排放，控制难度较大。针对填埋场恶臭无组织排放的污染控制技术主要包括使用除臭剂和原位覆土去除。两种恶臭控制减排方法优缺点见

表 10-2。

表 10-2　填埋场无组织排放 H_2S 控制方法优缺点

方式		优点	缺点
除臭剂	遮蔽中和制剂	使用灵活	不能直接去除 H_2S
		除臭效果明显	恶臭暂时被抑制，有重新释放的可能
		低成本	
	生物除臭剂	去除效率高	受环境影响较大
		效果稳定	生物驯化周期较长
改性覆土	石灰改性覆土	运行简单	随着 pH 值降低去除效率下降
		低成本	有限的 H_2S 去除量
		高去除率	施用石灰存在环境风险，并且对作业工人有危害
	细石混凝土	低运行成本和设备成本	去除效率随 pH 降低下降
	堆肥覆盖	低成本	取材较难
		二次风险较小	产生的 SO_4^{2-} 在适宜条件下会再生成 H_2S
	自养反硝化覆土	二次风险小	消耗硝酸盐
		效率高	需要缺氧环境
		成本低	SO_4^{2-} 会再生成 H_2S

10.3.1　喷洒除臭剂

目前，垃圾填埋场通常采用喷洒药剂的方式处理恶臭问题。除臭制剂具有方便灵活、见效快的特点，尤其对控制由 H_2S 引起的恶臭问题效果十分明显，因此已经被广泛应用于填埋场的恶臭污染控制中。然而，由于除臭剂的效果受 pH、湿度、温度等环境因素的影响较大，成本较高，且需要反复施用，在实际应用中仍有许多问题亟待解决。各种除臭制剂的原理及优缺点如表 10-3 所示。

表 10-3　各种除臭剂的原理及特点

除臭制剂	原理	优点	缺点
掩蔽中和剂	利用香精遮蔽或中和填埋场产生的 H_2S 臭味	直接脱臭，效果明显	H_2S 并未被去除，有重新释放的可能
酶制剂	利用氧化还原酶氧化 H_2S 等恶臭物质	去除效率高	成本高，且酶易失活

除臭制剂	原理	优点	缺点
植物除臭剂	利用植物提取液乳化后获得的水溶性物质去除 H_2S	除臭效果稳定	植物提取液难获取
微生物除臭剂	利用微生物代谢 H_2S	有效时间长，不产生二次污染	受环境条件影响大，驯化周期长

10.3.2　覆土原位减排

填埋覆土层可以有效地削减 H_2S 等恶臭气体的排放，相对于无覆土层的垃圾填埋区域，恶臭气体浓度在具有覆土层的区域有明显的降低。传统的填埋场采用黏土覆盖，但用黏土作为覆盖层存在除臭效果差且占用库存的缺陷。因此，近年来一些学者和工程师开始着手研究可替代的覆土材料，通过吸收、吸附、化学反应及微生物代谢来实现对填埋气中的 H_2S 等恶臭气体的控制。

细石混凝土、沙土、黏土以及石灰沙土可作为填埋场改性覆土材料用于控制恶臭气体排放。细石混凝土和石灰沙土都能有效的控制 H_2S 的释放，两者对 H_2S 的去除效率均达到99%以上，而沙土和传统的黏土覆盖材料对于 H_2S 的去除率则较低，分别为30%和65%。建筑细粉、工商业细粉和木片作为覆盖层对恶臭的削减能力也被评估；结果发现用建筑粉末和木片可以有效去除恶臭，并且较为经济。堆肥和庭院垃圾的混合材料以及生石灰、熟石灰改性的沙土也可作为覆盖材料对 H_2S 进行有效的去除。

生活垃圾堆肥作为填埋场覆盖层控制 H_2S 排放的效果优异，H_2S 的去除率可达99%以上。污泥竹炭堆肥对 H_2S 的去除效果明显优于陈年垃圾、新鲜黏土以及终场覆土，对 H_2S 的去除率达到了85%以上。考虑到经济性及 H_2S 去除效率，生物覆盖层有必要确定最佳参数。有研究表明，垃圾生物土吸附填埋场硫化氢的最佳参数为：中性酸碱度，含水率40%，以及粒径小于4mm。在氧气浓度为10%的情况下，此种垃圾生物土对硫化氢的最大吸附能力为60mg/kg左右，而沙土的 H_2S 吸附能力仅为它的9.8%。利用反硝化过程将 H_2S 氧化为 SO_4^{2-} 的原理，在覆土材料中加入 NO_3^- 也可以通过生物氧化作用和物理化学过程有效地降低 H_2S 的释放浓度，并生成单质 S。

此外，其他材料例如活性炭粉末、飞灰、泡沫、木材以及蚯蚓粪等也被作为填埋覆土材料以减少填埋场恶臭排放。但它们的应用各有限制，如存在原料少（如蚯蚓粪）、成本高（如活性炭）和微生物适应性差等问题，离实际应用仍有较远的距离。

硫化氢经过覆土材料被去除是物理吸附、化学反应、生物氧化共同作用的结果。当 H_2S 经过填埋覆土层时，一些气态硫化氢分子被填埋材料的表面吸附，或是溶解在孔隙水中。这部分溶解的 H_2S 有可能被中和掉或被生物降解，例如在混凝土或石灰改性的沙土覆盖层当中，氧化钙提供了碱性的环境，pH 提高到了 9 以上，中和了一部分 H_2S，以下反应趋向 HS^- 的生成：

$$H_2S_g \longrightarrow H_2S_{aq} \longrightarrow HS^-_{aq} + H^+_{aq} \qquad (10\text{-}1)$$

而同时，混凝土和石灰中的钙与 H_2S 发生反应生成 CaS：

$$H_2S + CaO \longrightarrow CaS + H_2O \qquad (10\text{-}2)$$

$$H_2S + Ca(OH)_2 \longrightarrow CaS + 2H_2O \qquad (10\text{-}3)$$

$$H_2S + CaCO_3 \longrightarrow CaS + H_2O + CO_2 \qquad (10\text{-}4)$$

在相关研究中，发现试验后覆土底部生成了黑色的物质，这表示覆土中的金属氧化物与 H_2S 反应生成了金属硫化物 MS_x，方程表示如下：

$$xH_2S + MO_x \longrightarrow MS_x + xH_2O \qquad (10\text{-}5)$$

除了 H_2S 与覆土中的物质发生化学反应外，一些研究表明微生物在控制 H_2S 排放方面发挥了重要作用。用堆肥作为覆土去除硫化氢的过程会使 pH 降低，这被认为是硫化氢被产硫杆菌生物氧化的结果：

$$H_2S + 2O_2 \xrightarrow{\text{产硫杆菌}} 2H^+ + SO_4^{2-} \qquad (10\text{-}6)$$

H_2S 也可能被光合细菌利用，作为电子供体将 CO_2 还原，而硫化氢则被氧化为 S 单质存在于填埋单元中，反应如下所示：

$$6CO_2 + 12H_2S \xrightarrow{\text{光照}} C_6H_{12}O_6 + 6H_2O + 12S^0 \qquad (10\text{-}7)$$

一些改性的覆土材料由于提供了不适宜硫酸盐还原菌（SRB）的生长环境，从而抑制了硫化氢的生成。例如在混凝土和生石灰改性的沙土当中，CaO 使得覆土的 pH 升高到 9，超出了 SRB 适宜生存的 pH 范围，因此抑制了 H_2S 的释放。而在 $FeCl_3$ 存在的环境下，$FeCl_3$ 作为电子受体刺激了铁还原菌的生长，与 SRB 形成竞争关系，因而抑制了 H_2S 的生成。不同的覆土材料对于硫化氢的去除机理有一定的差异，但通常覆土材料对硫化氢的有效控制可以看作是多种机理共同作用的结果。

10.4 本 章 小 结

填埋气中成分复杂的微量气体是导致填埋场恶臭污染的主要原因。填埋场恶臭污染控制技术包括预防处理、填埋作业控制及终端处理。目前大多数填埋场主要还是采取终端处理的方法来缓解恶臭影响。终端集中处理恶臭技术主要通过对收集的填埋场恶臭气体进行集中的物理、化学、生物或者联合的处理达到恶臭减排的目的。

目前依然有相当部分垃圾填埋场未配备有填埋气收集系统，恶臭气体多为多点面源排放，很难控制。针对无组织排放的填埋场恶臭污染，主要使用除臭剂和原位覆土技术去除。传统的填埋场采用黏土覆盖以实现除臭的目的，但用黏土作为覆盖层除臭效果差且占用填埋场库存。因此，近年来，研究可替代原始覆土材料的高效生物覆盖材料，通过吸收、吸附、化学反应及微生物降解等过程，实现对填埋气中主要恶臭成分（如 H_2S）的减排一直是一个热点研究方向。

参 考 文 献

胡斌 . 2010. 垃圾填埋场恶臭污染解析与控制技术研究 ［D］. 杭州：浙江大学硕士学位论文 .

胡斌，丁颖，吴伟祥，等 . 2010. 垃圾填埋场恶臭污染与控制研究进展 ［J］. 应用生态学报，
　　（3）：785-790.

黄皇，黄长缨，谢冰 . 2010. 城市生活垃圾填埋场恶臭气体污染控制方法 ［J］. 环境卫生工
　　程，（04）：7-9.

纪华，夏立江，王进安，等 . 2004. 垃圾填埋场硫化氢恶臭污染变化的成因研究 ［J］. 生态环
　　境，13（2）：173-176.

路鹏，程伟，张旭，等 . 2008. 生活垃圾填埋场恶臭物质研究 ［J］. 环境卫生工程，（06）：
　　9-13.

石磊，边炳鑫，赵由才，等 . 2005. 城市生活垃圾卫生填埋场恶臭的防治技术进展 ［J］. 环境
　　污染治理技术与设备，6（2）：6-9.

朱彧，陈寰，徐期勇 . 2012. 垃圾填埋场中硫化氢气体污染的控制技术及研究进展 ［J］. 中国
　　科技论文 ［EB/OL］. http://www. paper. edu. cn/releasepaper/content/201206-89. ［2012-06-05］

Ding Y, Cai C Y, Hu B, et al. 2012. Characterization and control of odorous gases at a landfill site：
　　a case study in Hangzhou, China ［J］. Waste Management, 32（2）：317-326.

He R, Xia F F, Wang J, et al. 2011. Characterization of adsorption removal of hydrogen sulfide by
　　waste biocover soil, an alternative landfill cover ［J］. Journal of Hazard Materials, 186（1）：

773-778.

Ko J H, Xu Q Y, Jang Y C. 2015. Emissions and control of hydrogen sulfide at landfills: a review [J]. Critical Reviews in Environmental Science and Technology, 45 (19): 2043-2083.

Plaza C, Xu Q Y, Townsend T G, et al. 2007. Evaluation of alternative landfill cover soils for attenuating hydrogen sulfide from construction and demolition (C&D) debris landfills [J]. Journal of Environmental Management, 84 (3): 314-322.

第11章 | 填埋场硫化氢处理新技术

如上一章所述，硫化氢（H_2S）是填埋场恶臭的主要成分，在还原性硫化物中占主导地位，控制 H_2S 的排放可以有效地减少填埋场的恶臭污染。本章主要介绍两种新型 H_2S 集中处理新技术，即二氧化钛（TiO_2）光催化氧化和垃圾焚烧飞灰去除 H_2S 技术。

11.1 硫化氢的性质

H_2S 是我国《恶臭污染物排放标准》（GB 14554—1993）所规定的 8 种需要控制的恶臭污染物质之一。H_2S 是无色透明有臭鸡蛋气味的气体，其相对密度为 1.189，具有可燃性、腐蚀性和急性毒性。因为 H_2S 在水中的溶解度较高（20℃时 4132mg/L），填埋场有较多的 H_2S 溶解在渗滤液中。H_2S 的嗅觉阈值较低，仅为 0.5ppb[①]。H_2S 的主要物理性质如表 11-1 所示。

表 11-1　硫化氢的物理性质

H_2S 物理性质	参数及信息
分子量	34.08
颜色	无色
常温常压下物理形态	气态
嗅味阈值	0.5ppb
特殊气味	臭鸡蛋气味
20℃下的溶解度	4132mg/L
21.9℃蒸汽压	1298kPa
凝固点	−85.49℃

---

① 　$1ppb = 1 \times 10^{-9}$。

H$_2$S 物理性质	参数及信息
沸点	-60.33℃
自燃温度	500℃
可燃性极限	4.35%~46%（体积比）
20℃下亨利常数	468atm/mol

硫化氢的产生是自然界硫循环当中的一部分（图 11-1），由硫酸盐还原菌（SRB）在厌氧条件下还原硫酸盐而产生。目前两种确认的硫酸盐还原菌菌属分别为脱硫肠状菌属和脱硫弧菌属。填埋场提供了 SRB 生存的必要条件，如厌氧、潮湿、温度较高；填埋垃圾中的有机物则提供了 SRB 所需的碳源；而填埋场中的石膏板等物质则提供了硫酸盐作为电子受体，转化过程可用如下的反应式表示：

$$SO_4^{2-}+2(CH_2O)\xrightarrow{SRB}H_2S+2HCO_3^- \tag{11-1}$$

虽然填埋场或其他固体废弃物处置场所释放的 H$_2$S 都在较微量的浓度，但由于 H$_2$S 的嗅觉阈值较低，仍会对人的感官产生恶劣影响。人体长时间暴露在硫化氢气体下还会引起一系列不适的反应，如恶心、头晕、失眠、食欲不振等。有研究调查填埋场产生的 H$_2$S 对于附近社区内居民健康的影响，发现 H$_2$S浓度的升高直接导致了居民的负面情绪，并且引发了黏膜刺激、上呼吸道感染等症状。

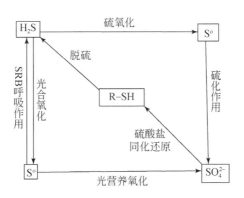

图 11-1　H$_2$S 产生机理图

11.2　光催化去除硫化氢研究

11.2.1　光催化去除硫化氢原理

近年来，利用光催化氧化技术去除气态污染物逐渐受到重视，在有机废气处理及空气净化方面已展开广泛的研究，如处理甲醛、苯等挥发性有机物及杀死细菌等。与其他集中处理气态污染物技术相比，光催化氧化技术因具有高效稳定、矿化彻底、反应条件温和、无二次污染、能耗低等优点。光催化降解污染物的机理如图 11-2 所示。

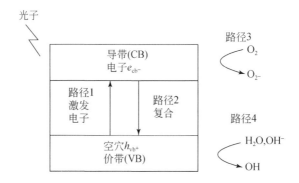

图 11-2　光催化反应机理

路径 1：形成光电子；路径 2：电荷载体复合并释放热量；

路径 3：因导带电子生成的超氧化物；路径 4：生成羟基

首先，TiO_2 在吸收光子后，生成分散在 TiO_2 表面的导带电子（e_{cb}^-）和价带空穴（h_{vb}^+）[式（11-2）]，这些电荷既可以重新结合释放热量也可以氧化或还原 TiO_2 表面的物质。其中空穴（h_{vb}^+）与水反应生成羟基如式（11-3）所示，导带电子（e_{cb}^-）与氧气结合形成超氧根离子如反应式（11-4）所示。羟基和超氧根离子均具有高反应性，而超氧根离子最终生成羟基参与反应，如反应式（11-5）、式（11-6）、式（11-7）所示。另外，在固–液相界面，依靠羟基降解污染物：在有紫外光源的室温条件下，通过不同的电子转移反应降解吸附的物质，如式（11-8）所示。因此，光催化反应不仅提供光生空穴和电子，也有氧化或还原性的活性氧类物质生成。

$$TiO_2 + hv \longrightarrow h_{vb}^+ + e_{cb}^- \tag{11-2}$$

$$H_2O + h_{vb}^+ \longrightarrow \cdot OH + H^+ \tag{11-3}$$

$$O_2 + e_{cb}^- \longrightarrow O_2^- \tag{11-4}$$

$$O_2^- + H^+ \longrightarrow \cdot HO_2 \tag{11-5}$$

$$2HO_2 \longrightarrow O_2 + H_2O_2 \tag{11-6}$$

$$H_2O_2 + O_2^- \longrightarrow O_2 + \cdot OH + OH^- \tag{11-7}$$

$$\cdot OH + 污染物 \longrightarrow CO_2 + H_2O \tag{11-8}$$

11.2.2 光催化反应器设计

光催化氧化反应通常选用能量较高的紫外灯作为光源，其机理是 TiO_2 等光催化剂通过吸收光子，产生光生电子–空穴而氧化去除污染物。而作为光催化的能量来源，光源的选择也会影响光催化氧化效率，但目前的研究大多集中于光源的波长变化对光催化氧化反应的影响上。通过改变紫外灯参数如输出功率和与反应器的距离来研究光强的改变对光催化反应的影响，证明 TiO_2 光催化效率随光强增大而上升，但单纯增加光强以获得更高的污染物去除率具有能耗高、紫外光利用效率低等不足。因此，若能通过改善填充床反应器内部光照条件来提高反应器的光催化效率进而获得在相同光照条件下更高的光催化效率，具有节能降耗的现实意义。

本书实验以负载有 TiO_2 的玻璃珠（TiO_2-GB）作为填充料，通过自制的固定式填充床反应器考察不同光照强度和不同质量时，TiO_2 对 H_2S 的光催化氧化效率，并研究不同条件下反应器内部的紫外光照条件，在填充料中催化剂的质量及反应器内部光照条件之间寻找出最佳平衡点，为实际工程应用提供参考和指导。

为避免载体的吸附性能对 H_2S 的去除效率造成干扰，采用直径 4~5mm 的玻璃珠作为载体负载 TiO_2。将超声洗净后的玻璃珠在 10%（质量比）的 HF 溶液中浸泡 24h，使其光滑的表面变得粗糙，且增大玻璃珠表面积，有利于 TiO_2 在玻璃珠表面的附着。从 HF 溶液中取出玻璃珠，再次超声洗净并置于烘箱中 105℃ 干燥后保存。将纳米 TiO_2 粉末超声分散于乙醇中，制成 15%（质量比）的 TiO_2/乙醇悬浊液。将经预处理后的玻璃珠浸泡于 TiO_2 悬浊液内，6min 后取出，置于 105℃ 烘箱中干燥，并重复此步骤，共负载 3 次。将制得的负载型催化剂放入马弗炉中，在 500℃ 条件下焙烧 2h，冷却至室温后掺入不同比例的干净玻璃珠并装入反应器内，负载于玻璃珠上的 TiO_2 质量采用差量法称量。通过 X 射线光电子能谱分析和热重–示差扫描量热分析表征 TiO_2 粉末表面硫元素的形态。

自行设计的外置光源型光催化反应器（图 11-3）为有机玻璃制成的圆柱形反应器（长 300mm，直径 46mm，总体积为 498.3mL 的圆柱形反应器）。反应器位于贴有反射膜（3M）的方形灯箱中央，灯箱内有四盏紫外灯环绕于反应器四周。通过调节工作的灯盏数来调节反应器内的光照强度，为避免因紫外线波长过短造成的 H_2S 直接分解或将空气中的 O_2 解离成强氧化剂 O_3 从而氧化 H_2S，对结果造成干扰，实验采用紫外线波长为 365nm。

图 11-3　光催化氧化反应器

反应流程图如图 11-4 所示，H_2S 气体与干空气按比例混合成 700ppm[①] 体积浓度模拟填埋场恶臭气体，并以 100mL/min 的流速通入到光催化反应器中。通过改变反应装置内光照强度、催化剂质量（即负载有 TiO_2 的玻璃珠的填充比例）、填充物组成以及反应器直径，测定不同条件下 TiO_2 的 H_2S 去除率，同时分析不同光强和不同比例下，TiO_2 的光催化效率变化规律及其原因，并通过催化剂表征来验证研究结论。

H_2S 去除率计算如下：

$$H_2S \text{ 去除率} = (1 - C/C_0) \times 100\% \tag{11-9}$$

式中，C 为出气口 H_2S 浓度，C_0 为进气口 H_2S 浓度。

———————————

①　$1ppm = 10^{-6}$。

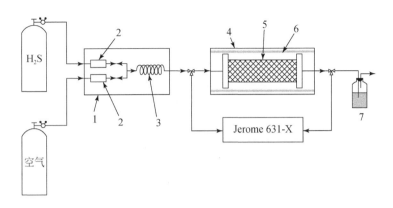

图 11-4　H_2S 光催化氧化实验装置原理图

1. 混气仪；2. 质量流量控制器；3. 混气管；4. 灯箱；5. 反应器；6. 紫外灯管；7. 尾气吸收瓶（$CuSO_4$）

11.2.3　不同外部光强下去除 H_2S 效率

图 11-5（a）为 90h 内不同盏数紫外灯工作时光催化氧化 H_2S 的去除效率随时间的变化曲线。在整个反应过程中，光催化效率总体呈下降趋势，其 H_2S 去除率从最初的 100% 下降至 90h 时的 42.03%。而随着工作的紫外灯数目减少，H_2S 去除率也随之下降，1 盏灯的 4h 和 90h 时 H_2S 去除率分别仅为 70.83% 和 9.52%。H_2S 去除率随光照强度的变化，主要因为光照强度增大，使得到达 TiO_2 表面的光子数目增多，使得光生电子–空穴的数目增加，从而其光催化效率得到提高。而图 11-5（b）所示为 90h 时不同光照强度下 H_2S 去除率的比较，由图可

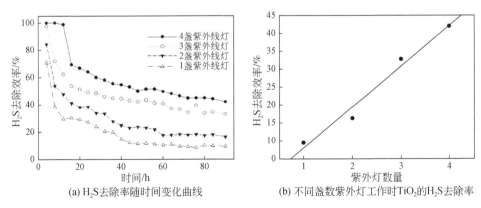

(a) H_2S 去除率随时间变化曲线　　　(b) 不同盏数紫外灯工作时 TiO_2 的 H_2S 去除率

图 11-5　H_2S 去除效率比较

知，当光催化反应处于稳定阶段后，H_2S 的去除效率，即 TiO_2 光催化氧化效率，随紫外光照强度增大而增大。

11.2.4 不同内部光强下去除 H_2S 效率

因为紫外线波长短，穿透能力弱，因此折射对透过紫外光的贡献有限，主要是通过表面反射来改善反应器内部光照条件。研究显示，经 HF 处理过的磨砂玻璃珠整体与个体上均要比未经 HF 处理过的透明玻璃珠要亮，光反射也更均匀。透明玻璃珠会吸收一部分通过透射进入玻璃珠内部的紫外线，只有更少的一部分能穿过表层玻璃珠透射到反应器内部；另一部分则通过镜面反射将光送入反应器内或反射回反应器外，而磨砂玻璃珠表面粗糙，抑制了玻璃珠对紫外光的透射与折射，使通过这一方式进入反应器内部的紫外光减少，但通过磨砂玻璃珠粗糙表面的漫反射进入反应器内部的紫外光则增多。

由图 11-6 可知，透明玻璃珠表面光滑而经 HF 酸处理后的磨砂玻璃珠表面粗糙。在整体外观上，经 HF 酸处理后的磨砂玻璃珠要明亮于未经 HF 酸处理过的透明玻璃珠，说明磨砂玻璃珠能反射更多的光。

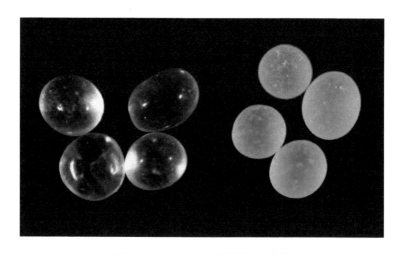

图 11-6 经 HF 处理前后的玻璃珠

图 11-7 所示为透明玻璃珠和经 HF 处理过后的磨砂玻璃珠的光强分布。由图可知，经 HF 处理过的磨砂玻璃珠为填充物的反应器内部紫外光照条件始终较透明玻璃珠要好，与图 11-6 的表面形态观察结果相符。当覆盖 0.5cm 玻璃珠时，

两者的紫外光强分别为 $760\mu W/cm^2$ 和 $680\mu W/cm^2$，而覆盖 3cm 玻璃珠时，两者的紫外光强分别为 $91\mu W/cm^2$ 和 $66\mu W/cm^2$。因此，实验选用经 HF 处理的磨砂玻璃珠作为改善反应器内部光照条件的掺入物。将同为经 HF 处理但未负载 TiO_2 的空白磨砂玻璃珠作为替代负载有 TiO_2 的玻璃珠（记为 TiO_2-GB）的掺入物，当填充物 100% 为 TiO_2-GB 时，记为 TG100%，并依次类推，空白样即填充物全为空白玻璃珠。

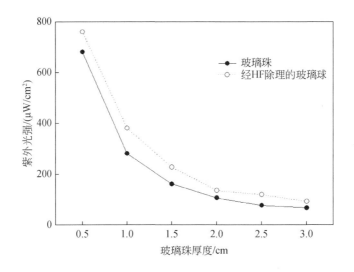

图 11-7　填充经 HF 处理前后的玻璃珠时反应器内紫外光照强度

图 11-8 所示为不同比例的 TiO_2-GB 的 H_2S 去除率。不同比例 TiO_2-GB 对 H_2S 去除率随时间变化曲线如图 11-8（a）所示，反应器的光催化效率随反应时间而呈总体下降趋势。结合图 11-8（b）中 90h 时不同比例 TiO_2-GB 的 H_2S 去除率可知：不同比例 TiO_2-GB 对 H_2S 去除率从高到低依次为 TG60% >TG80% >TG100% >TG40% >TG20%。以 TG60% 为例，其 4h 的 H_2S 去除率为 99.78%，在与 H_2S 反应 90h 后其去除率仍能达到 64.79%，高于 TG100% 的 42.03%，TG20% 的 H_2S 去除率最低，其 4h 和 90h 的 H_2S 去除率分别为 68.18% 和 20.92%。因此，H_2S 去除率并未一直随着催化剂质量的增多而上升，而是在 TG60% 时达到最佳的光催化效率，之后 H_2S 去除率则开始随 TiO_2-GB 所占比例的上升而下降。

将同为经 HF 处理但未负载 TiO_2 的空白磨砂玻璃珠作为替代 TiO_2-GB 的掺入物。填充于反应器中 TiO_2 催化剂的质量随 TiO_2-GB 所占的比例上升而增大。反

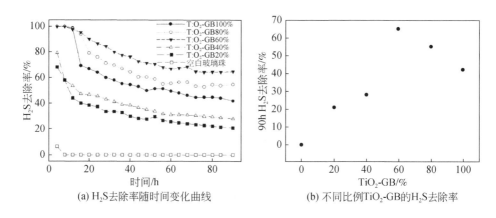

(a) H₂S去除率随时间变化曲线　　　　(b) 不同比例TiO₂-GB的H₂S去除率

图 11-8　不同条件下 TiO₂-GB 的 H₂S 去除率

应器的光催化效率随反应时间而呈总体下降趋势。不同比例 TiO₂-GB 对 H₂S 去除率从高到低依次为 TG60% >TG80% >TG100% >TG40% >TG20% 。因此，H₂S 去除率并未随着催化剂质量的增多而上升，而是在 TG60% 时达到最佳的光催化效率，其原因可能是由于空白玻璃珠的存在会将一部分紫外光通过透射与反射进入反应器内部，改善反应器内部的光照条件，使反应器中心区的 TiO₂-GB 能接触并吸收更多的光子，从而提高其催化效率。

11.2.5　光强分布对光催化效率的影响

紫外光照射到反应器后会有能量损失，如被反应器壁吸收、被 TiO₂ 利用等，因此反应器内部的光强要比表层要低。随着紫外灯数目的增加，反应器表面的光照强度迅速增大，但穿透一层（0.5cm）负载有 TiO₂ 的玻璃珠后，光照强度均迅速降低至 $100\mu W/cm^2$ 以下，且不随外部光强显著增大而呈明显变化，说明绝大多数紫外线均被最外层 TiO₂ 所吸收。因此，增大外部光照强度对反应器内部光照条件的改善很有限。H₂S 去除率随工作的紫外灯数量减少而大幅下降的原因一方面是由于实验装置设置的原因，在实际过程中，当紫外灯数较少时，反应器部分地方最表层的 TiO₂ 也很难受到紫外光的直射，导致光催化效率低；另一方面，随着工作的紫外灯数目减少，反应器最表层的光强大幅下降，也会导致光催化效率下降。

而当部分空白玻璃珠作为替代 TiO₂-GB 的掺入物以不同比例混合后，反应器内部的光照条件便发生了变化，当掺入不同比例的空白玻璃珠后，反应器内光照条件得到有效改善，而相同条件下，反应器内某处的光强随着混合的空白玻璃珠比例增大而增强。由实验结果可知，单纯增强紫外光照强度对改善反应器内部光照条件的作用极小，反应器对紫外光利用率低，能耗大。而掺入不同比例的空白玻璃珠后，反应器内光照条件得到有效改善，且相同条件下，反应器内某处的光强随着混合的空白玻璃珠比例增大而增强。

不同填充物光催化效率的不同主要是由填充物本身对紫外光的不同吸收行为造成的，其原理如图 11-9 所示。紫外线的穿透能力较弱，当填充物均为 TiO_2-GB 时，如图 11-9（a）所示，玻璃珠表面的 TiO_2 将照射到其表面的光子俘获，并在生成光生电子–空穴，只有少部分能从其缝隙中穿过并到达反应器内部，而被内部的 TiO_2 所俘获并利用。如图 11-9（b）所示，空白玻璃珠本身不具有光催化活性，但通过反射部分紫外光，使更多的紫外光能通过表层玻璃珠而进入到反应器内部，从而改善反应器内部光照条件，提高反应器的光催化效率。

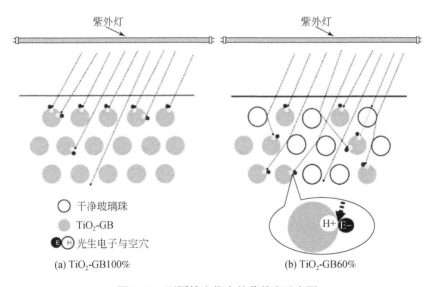

图 11-9 不同填充物中的紫外光示意图

11.2.6 光强对生成物的影响

在实验中观察到，经过与硫化氢 90h 的反应后，TiO_2 表面变黄，且进气口端颜色较深，而到出气口端黄色逐渐变淡，如图 11-10 所示。这可能是由于进气口

处 H_2S 浓度高而出气口浓度则相对较低，因此进气口端光催化氧化了更多的 H_2S 造成的。

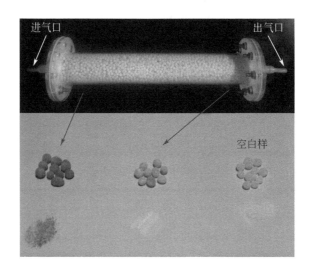

图 11-10 与 H_2S 反应后 TiO_2 的颜色变化

分别取反应器表层 0~1cm 与中心层玻璃珠表面的 TiO_2（分别记为 S-TiO_2 与 C-TiO_2）进行 XPS 与 TG-DTG 表征。S 元素的 XPS 结果如图 11-11（a）所示，未与 H_2S 反应过的空白样中没有 S 元素存在，而与 H_2S 反应 90h 后，样品在 163.7eV 和 168.7eV 处出现了 2 个峰，其分别对应的是 S 单质与 6 价 S。通过实验观察也可以得知，负载于玻璃珠表面的 TiO_2 在反应后变黄，应为生成的 S 单质所造成，与 XPS 结果相符。反应式如下：

$$2H_2S+O_2 \xrightarrow{TiO_2+UV} \frac{2}{n}S_n+2H_2O \qquad (11\text{-}10)$$

随着光催化反应的进行，S 单质的不断积累会使催化剂中毒，从而导致 H_2S 去除率下降，与实验结果一致。6 价 S 是 S 元素存在的主要形态，在 S-TiO_2 中所占的比重为 88.06%，高于 C-TiO_2 的 84.58%，说明在紫外光照较强的条件下，反应可能更倾向于生成 6 价 S：

$$H_2S+2O_2 \xrightarrow{TiO_2+UV} H_2SO_4 \qquad (11\text{-}11)$$

Ti 的 XPS 结果如图 11-11（b）所示，与空白样相比，与 H_2S 反应后，Ti 的结合能增大了 0.3eV，且 Ti 2p/表面和 Ti 2p/中心的曲线完全重合，说明反应器表面和中心的 2 处 Ti 原子表面电子云密度均降低，氧化性增强。以 SO_4^{2-} 形式存在的 6 价 S 会以配位键的形式与 TiO_2 形成 SO_4^{2-}/TiO_2 固体酸，使 Ti 表面电子云密度降低，Lewis 酸性增强，从而提高催化剂的光催化效率，与 Ti 2p 的 XPS 结果相符。而随着 S 单质与 6 价 S 对光催化反应的拮抗作用达到平衡，反应后期 H_2S 去除率基本保持不变。

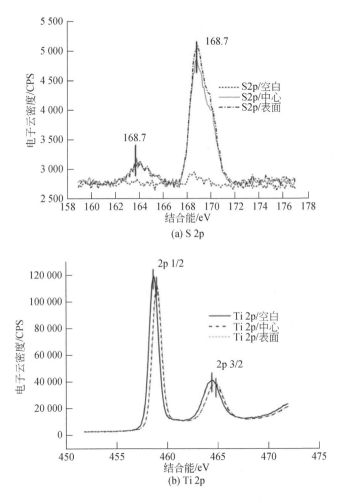

(a) S 2p

(b) Ti 2p

图 11-11 H_2S 反应前后 TiO_2 的 XPS 图谱

TG-DTG 结果（图 11-12）显示，0~100℃区间内损失的质量为吸附水，150~260℃区间内损失的质量为 SO_4^{2-} 与单质 S，此温度范围内空白样中还有部分结晶水损失。在 150~260℃区间内损失的质量所占的比重更大，说明该温度区域内反应器表层玻璃珠的质量损失越多，即相较于反应器中心层玻璃珠，表层玻璃珠上的

TiO$_2$ 表面附着有更多的 S 元素，证明表层 TiO$_2$-GB 去除了更多的 H$_2$S。结合不同光强下 TiO$_2$-GB 去除 H$_2$S 实验的结果可以表明，在紫外光照条件较好时，TiO$_2$ 具有更高的光催化效率。因此，改善内部光照条件能提高反应器的光催化效率，在能耗不变的条件下获得更高的 H$_2$S 去除率。

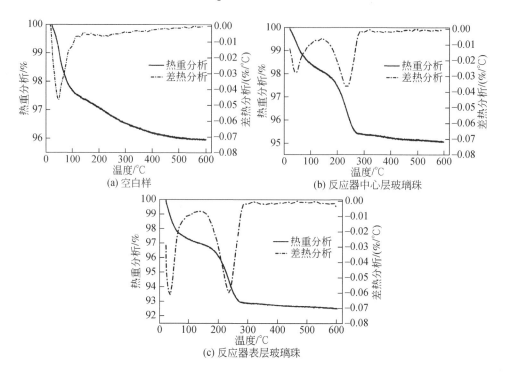

(a) 空白样   (b) 反应器中心层玻璃珠

(c) 反应器表层玻璃珠

图 11-12   与 H$_2$S 反应前后 TiO$_2$ 的 TG-DTG 图谱

11.3   垃圾焚烧飞灰去除硫化氢研究

焚烧由于其处理固体废弃物高效、快捷的特点，已广泛应用于世界各地的固体废弃物管理。我国城市生活垃圾焚烧无害化处理比例近年来也保持了较快增长。随着焚烧比例的增加，我国垃圾焚烧飞灰的量也不断增加。垃圾焚烧飞灰是指在垃圾焚烧厂的烟气净化系统中收集而得的残余物。焚烧飞灰作为一种高比表面积物质，富集大量的汞、铅和镉等有毒重金属。重金属污染物所具有的不可降解性，将长期存在并对环境构成极大的潜在威胁。排放到环境中的重金属经过迁移转化，最终通过食物链危害人体和其他生物体。人体摄入的重金属会导致身体组织器官病变、癌变。因此，垃圾焚烧飞灰中的重金属污染与防治问题引起了世界各国的普遍关注，但飞灰的无害化处理技术要求和管理成本都很高，如何经济有效地处理飞灰依然是一个挑战。

焚烧飞灰具有重金属氧化物含量高的特点，可与具有还原性和酸性的 H_2S 发生催化氧化和中和反应，且飞灰比表面积大，易吸水，能为硫化氢的吸附和进一步发生反应提供有利条件。本小节介绍利用垃圾焚烧飞灰去除还原性硫化氢气体的方法，研究了垃圾焚烧飞灰对 H_2S 的吸附性能，同时将热电厂粉煤灰以及填埋场常用的覆土材料作为对比，探讨垃圾焚烧飞灰作为 H_2S 气体吸附剂的可能性，为垃圾焚烧飞灰在脱除 H_2S 方面的实际应用提供理论依据。

11.3.1 飞灰去除硫化氢实验设计

采用 4 种物质进行 H_2S 的吸附性能实试。其中，垃圾焚烧飞灰 FA1#来自东莞市某生活垃圾焚烧厂，FA2#来自深圳市某生活垃圾焚烧厂。两处垃圾焚烧炉温度均为 $850 \sim 950℃$，烟气处理采用半干法，通过喷入石灰乳去除氯化氢、SO_2 等酸性气体，然后烟气经布袋除尘器后排出。在焚烧厂连续稳定运行期间，取 1 天内产生的飞灰。实验中采用的粉煤灰（CFA）采自河北某热电厂，砂土（SS）采自深圳市某建筑垃圾综合利用厂。四种吸附材料 X 射线荧光分析（XRF 分析）结果见表 11-2。

表 11-2 四种吸附材料 XRF 分析结果 （单位:%）

组成	FA1#	FA2#	CFA	SS
CaO	38.92	27.26	3.52	1.57
Cl	19.33	21.3		13.2
Na_2O	9.71	11.67	0.42	1.97
K_2O	7.36	7.58	1.1	2.36
SO_3	5.52	7.8	0.53	0.89
SiO_2	2.18	3.73	56.7	52.12
MgO	0.69	0.53	0.56	2.98
Al_2O_3	0.5	0.46	31.1	11.45
P_2O_5	0.27	0.28	0.3	0.57
ZnO	0.57	0.97	0.01	0.89
Fe_2O_3	0.45	0.91	3.92	3.66

吸附实验所使用的气体采用动态配气，为 H_2S 与干空气的混合气，实验装置如图 11-13 所示。气体经过混气室配出浓度为 $425mg/m^3$ 的 H_2S 气体，混气均匀后，由质量流量计控制流量进入吸附单元。吸附过程在常压室温下（293K），于内径为 9mm，高 25cm 的圆柱状吸附柱中进行。不同的吸附材料在柱中装填到同一床层高度。通过测量出气 H_2S 浓度随反应时间的变化，可以得到不同运行条件下的穿透曲线。

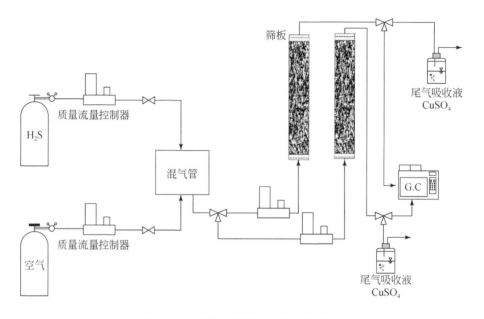

图 11-13　硫化氢吸附实验装置原理图

垃圾焚烧飞灰浸出毒性采用美国环境保护署（EPA）的毒性特性浸出程序测量 TCLP（Method 1311）。提取剂采用 TCLP 方法中的浸提剂 1#，利用冰醋酸和氢氧化钠配置而成。实验中浸提剂和飞灰的液固比为 20L/kg，采用翻转震荡法浸取 18h，后用 $0.45\mu m$ 玻璃纤维滤膜进行过滤。

11.3.2　H_2S 吸附穿透曲线

不同材料对 H_2S 气体的吸附能力可以用穿透曲线直观地表现出来。图 11-14 表示了 H_2S 在垃圾焚烧飞灰、热电厂粉煤灰以及砂土上的穿透曲线。在本书研究中，H_2S 的动态吸附试验由固定床层流动体系测定。H_2S 在 4 种吸附材料上的穿透曲线均呈现类似趋势：在穿透之前吸附柱出口检测出的 H_2S 浓度趋近于 0，穿透后逸出的 H_2S 的浓度迅速上升，之后上升趋势变缓，最终 H_2S 逸出浓度趋于稳定。实验开始时 H_2S 主要是在吸附床层下端与吸附剂反应，导致出口浓度很低。随着反应的进行，传质区不断地上移，出口浓度逐渐增大，当增大到一定程度时，穿透曲线渐趋平缓，相当于传质区已经移出吸附床层的顶部，固定床内已达到饱和吸附量，达到吸附平衡。H_2S 在两种飞灰作为固定床催化剂时穿透时间较长，因此 H_2S 在垃圾焚烧飞灰（FA1#及 FA2#）上的吸附效果要远好于热电厂粉煤灰（CFA）和砂土（SS）。

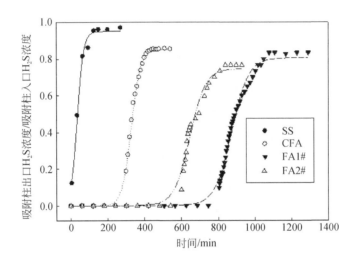

图 11-14　吸附柱入口质量浓度为 417.16mg/m³，气体流量为 200mL/min
条件下不同材料的 H_2S 吸附穿透曲线

为比较单位质量不同材料去除 H_2S 气体的性能，单位质量吸附剂的硫容量 S 可以根据穿透曲线进行计算，如下式所示：

$$S = qC_0t - q\int_0^t Cdt/m \tag{11-12}$$

式中，S 为吸附容量，g/g；q 为气体流量，m³/min；t 为吸附时间，min；C_0 为吸附柱入口质量浓度，mg/m³；C 为吸附柱出口质量浓度，mg/m³；m 为吸附剂质量，g。硫容量的计算结果显示，4 种材料的 H_2S 吸附能力大小依次为：FA1#>FA2#>CFA>SS。单位质量垃圾焚烧飞灰（FA1#和 FA2#）的硫容量分别为 10.40mg/g 和 7.94mg/g，相比之下 CFA 和 SS 的单位质量硫容量仅为 1.29mg/g 及 0.36mg/g。实验结果表明，垃圾焚烧飞灰在穿透时间和单位硫容量 2 个指标上均优于热电厂粉煤灰和砂土。因此垃圾焚烧飞灰对 H_2S 有较强的吸附能力，具有潜在的应用价值。

11.3.3　吸附前后垃圾焚烧飞灰物化性质变化

图 11-15 显示了四种吸附材料的表面形貌 SEM 图，可以看出垃圾焚烧飞灰 FA1#及 FA2#的表面形态相似，都自成骨架结构，孔隙较多；而热电厂粉煤灰（CFA）的颗粒则多为球状体，部分球状体表面光滑，有些附着了一些金属氧化物结晶小颗粒。而砂土（SS）的表面则呈不规则状，颗粒大于 CFA、FA1#及 FA2#。

(a) FA1#　　　　　　　　　　　　　(b) FA2#

(c) CFA　　　　　　　　　　　　　(d) SS

图 11-15　四种吸附材料的表面形貌扫描电镜图

4 种吸附材料的比表面积从大到小依次为垃圾焚烧飞灰 1（FA1#）、垃圾焚烧飞灰 2（FA2#）、热电厂粉煤灰（CFA）、砂土（SS）。飞灰与粉煤灰的 pH 均为碱性，砂土的 pH 则偏中性。平均的颗粒大小与各材料的 BET 表面积呈反比，比表面积越大则颗粒的直径越小。

　　各种材料在经过脱除 H_2S 的反应后，物理及化学性质都发生了一定程度的变化，经过 H_2S 在吸附后 4 种材料的 BET 表面积都有所降低（表 11-3）。其中，FA1#的 BET 表面积降低约 15%，而 FA2#则约为 10%，CFA 和 SS 的降幅则比较小。与之相对应的，2 种垃圾焚烧飞灰的孔容都随着比表面积的变小有所下降，CFA 和 SS 的变化则不明显。飞灰在经过和 H_2S 的反应后，pH 也有不同程度的下降，FA1#和 FA2#的 pH 分别下降至 9.57 和 8.96。CFA 和 SS 的 pH 也有小幅度的降低，但仍在 10.32 和 8.68 左右。

表 11-3　吸附材料的基本物理性质对比分析

	BET 比表面积 /(m²/g)		总孔容 /(cm³/g)		平均孔径/nm		pH		体积密度 /(g/cm³)
	吸附前	吸附后	吸附前	吸附后	吸附前	吸附后	吸附前	吸附后	—
FA1#	17.71	15.05	$3.07×10^2$	$2.61×10^2$	11.55	12.31	11.91	9.57	0.63
FA2#	9.37	8.5	$3.57×10^2$	$3.22×10^2$	16.27	17.69	11.93	8.96	0.55
CFA	2.34	2.15	$1.31×10^3$	$1.20×10^3$	54.21	54.78	11.08	10.32	2.21
SS	0.12	0.11	$1.91×10^4$	$1.81×10^4$	296.78	299.68	8.93	8.68	2.15

　　FA1#和 FA2#的 XPS 图谱分别如图 11-16 所示。吸附前，FA1#的 XPS 图谱如图 11-16（a）所示，可以解叠为 3 个不同能量的峰，分别位于结合能 169eV、166eV，以及 162eV 处。其中，169eV 处的峰强度最强，说明飞灰中硫的形态以

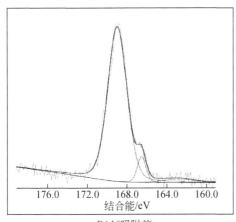
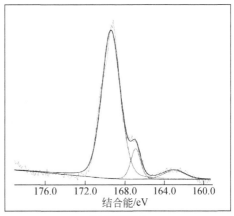

FA1#吸附前　　　　　　FA1#吸附后

(a) FA1#

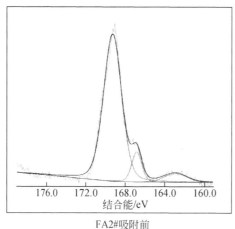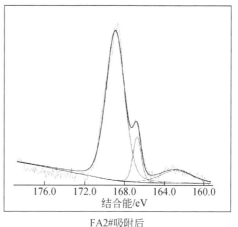

FA2#吸附前　　　　　　　　　　　FA2#吸附后

(b) FA2#

图 11-16　吸附前后 FA1#，FA2#的 XPS 图谱

无机硫含量最高，且多为硫酸盐形式。166eV 处的峰表示硫以亚硫酸盐的形式存在，说明在飞灰中存在 SO_3^{2-} 基团。而在吸附前飞灰的 XPS 图谱中，结合能 162eV 附近的峰面积较小，而在这结合能附近则硫多以金属硫化物的形式存在，如 PbS、ZnS、FeS 等。综合解叠的 3 个能量的峰所代表的硫的形态，可以判断垃圾焚烧飞灰 FA1#当中的硫主要以硫酸盐以及亚硫酸盐的形式存在。

　　对比两种飞灰吸附 H_2S 后的图谱，可以看出 FA1#以及 FA2#在 162eV 处的峰强度均有所增加，这说明在 H_2S 与垃圾焚烧飞灰反应的过程中，产生了金属硫化物。飞灰中的金属氧化物会在一定程度上起到促进吸附 H_2S 的作用，其反应式为

$$CaO + H_2S \longrightarrow CaS + H_2O \tag{11-13}$$

$$Fe_2O_3 + 3H_2S \longrightarrow Fe_2S_3 + 3H_2O \tag{11-14}$$

　　由于垃圾焚烧飞灰 FA1#、FA2#中含有大量的金属氧化物（见 XRF 结果），因此，根据 XPS 结果中 162eV 峰强度的变化，可以判断金属氧化物在脱除 H_2S 过程中起到了一定的作用。

11.3.4　吸附前后垃圾焚烧飞灰浸出毒性变化

　　由于垃圾焚烧飞灰中重金属的含量较高，直接进入填埋场可能会造成地下水的污染，因此在对其处理的过程中需要检验其浸出毒性。表 11-4 显示了与 H_2S

反应前后垃圾焚烧飞灰浸出毒性的变化，以及其与美国环保署的 TCLP 限值比较。可看出，在吸附前，垃圾焚烧 FA1#中的 Cu 和 Cr 浓度低于标准限值，但 Cd 和 Pb 含量均超标，FA2#浸出液的 Pb 也超过美国环保署危险废物标准。这说明本实验所采集的垃圾焚烧飞灰属于危险废物，不能直接进入填埋场。

表 11-4 吸附前后垃圾焚烧飞灰的浸出毒性

样品	状态	pH	电导率/（µS/cm）	Cr/（mg/kg）	Cu/（mg/kg）	Cd/（mg/kg）	Pb/（mg/kg）
FA1#	吸附前	5.85	30 700	2.19	12.20	1.13	14.53
	吸附后	3.84	22 400	1.28	5.05	0.02	0.23
FA2#	吸附前	5.57	32 230	1.95	0.80	0.61	13.51
	吸附后	4.12	22 670	0.78	0.30	0.13	0.34
TCLP 标准限值		—	—	5.00		1.00	5.00
GB 5085.3—2007		—	—	5.00	100	1.00	5.00

对比吸附后的浸出毒性数据可以看到，垃圾焚烧飞灰的重金属浸出浓度有了明显下降。其中，FA1#的 Cd 和 Pb 浸出浓度下降至 0.02 和 0.23mg/kg，均低于标准限值。FA2#的 Pb 浓度也下降到了 0.34mg/kg。另外，飞灰中的碱性金属参与了反应形成不易浸出的金属化合物，造成吸附后垃圾焚烧飞灰浸出液的 pH 也有所下降，使得吸附后的浸出液中金属浓度小于吸附前。实验结果表明，FA1# 和 FA2#在经过 H_2S 吸附反应后，浸出毒性大大降低，达到直接进入填埋场标准。

11.3.5 吸附机理

经过反应后四种材料表面的基本理化性质都发生了不同程度的变化。吸附后各种材料的比表面积以及孔容都有所降低，说明 H_2S 分子与吸附剂表面的活性位点相结合，或进入吸附剂的孔道中，发生了吸附。随着反应的进行，表面活性位点被占据，反应生成的产物逐渐占据孔道，导致比表面积和孔容的下降，吸附剂逐渐失活，导致床层穿透。对比各材料的比表面积可以看出，垃圾焚烧飞灰因其比表面积较其他材料大，故对硫化氢的物理吸附效果最佳。

垃圾焚烧飞灰当中的金属氧化物在吸附硫化氢的过程中也起到了重要的作用。分析几种材料的化学组成不难发现，垃圾焚烧飞灰（FA）中的金属氧化物含量高于砂土（SS）和热电厂飞灰（CFA），而 H_2S 在遇到金属氧化物时会发生如下反应：

$$H_2S+MO_x \longrightarrow MS_x+xH_2O \qquad (11\text{-}15)$$

在实验过程中，随着反应的进行，垃圾焚烧飞灰（FA）的颜色由最初的淡黄色逐渐加深，而与之相对应的是砂土（SS）的颜色无明显变化。由于热电厂飞灰（CFA）的原本呈灰黑色，因此观察不出颜色变化。对比两种垃圾焚烧飞灰的穿透曲线可以看出，拥有更大比表面积和更多 CaO 含量的 FA1#对 H_2S 的吸附效果最佳。H_2S 是典型的酸性气体，因此含有更高含量的 CaO 也是垃圾焚烧飞灰（FA）拥有较高 H_2S 去除效率的原因之一。同样，对比 XPS 图谱可知，样品 FA1#和 FA2#在脱除 H_2S 后在结合能为 162eV 处的峰面积均有所增加，这说明经过反应，飞灰中的金属硫化物含量有所增加。这从另一个侧面印证了吸附过程中，飞灰中的金属氧化物与硫化氢发生了氧化还原反应，产物为金属硫化物。

表 11-5　飞灰的 XPS 对比

样品	峰号	2p 结合能/eV	峰面积比/%	硫形态
FA1#吸附前	1	169	89.97	硫酸盐
	2	166	6.66	亚硫酸盐
	3	162	3.38	金属硫化物
FA1#吸附后	1	169	84.53	硫酸盐
	2	166	9.38	亚硫酸盐
	3	162	6.09	金属硫化物
FA2#吸附前	1	169	85.51	硫酸盐
	2	166	11.16	亚硫酸盐
	3	162	3.32	金属硫化物
FA2#吸附后	1	169	77.7	硫酸盐
	2	166	10.77	亚硫酸盐
	3	162	11.53	金属硫化物

表 11-5 更直观地比较飞灰中 3 个峰的峰面积吸附前后的变化。可看到，在吸附前 FA1#和 FA2#中的硫多以硫酸盐形式存在，占比分别达到 89.97% 和 84.53%，而金属硫化物的含量仅为 3.38% 和 3.32%。在脱除 H_2S 之后，金属硫化物的含量上升到 6.09% 和 10.77%，这说明在反应过程中生成了金属硫化物。

由于实验是在干空气的气氛下进行的，因此，O_2 在此过程中也参与了 H_2S 的氧化反应。可能的反应过程如下所示。

1）H_2S 以及 O_2 分子吸附在飞灰的表面的活性位点上；

2）H_2S 同活性位点上的金属氧化物 MO_x 发生反应：

$$xH_2S+MO_x \longrightarrow MS_x+xH_2O \qquad (11\text{-}16)$$

3）吸附在飞灰表面的 O_2 分子与 MS_x 反应生成单质硫 S：

$$2MS_x+xO_2 \longrightarrow 2MO_x+2xS^0 \qquad (11\text{-}17)$$

在这一过程中，金属氧化物及部分过渡元素氧化物充当了催化剂的作用，其反应也解释了在吸附柱底部发现的硫黄色固体颗粒单质硫的生成。

总结来说，垃圾焚烧飞灰由于含有最大的比表面积，以及最多的金属氧化物，可与 H_2S 发生氧化还原反应，因此具有最大的硫化氢吸附量；另外垃圾焚烧飞灰及热电厂飞灰由于含有一定的金属氧化物和过渡元素，在其表面除物理吸附外，还会使得 H_2S 与其中的活性金属组分通过络合作用结合，并且络合力大于物理吸附的范德华力。因此在本实验中垃圾焚烧飞灰具有较砂土和热电厂飞灰更优脱除 H_2S 的性能。

表 11-6 对比了目前研究中所采用的常压下去除 H_2S 气体的固体脱硫剂在各自反应条件下的硫容量。可以看到，由于操作条件的不同，不同的脱硫剂硫容量差别很大。而本实验中所采用的垃圾焚烧飞灰 FA1# 及 FA2#，在 20℃ 以及 1atm 条件下分别可以达到 14.80mg/g 和 11.39mg/g，与近似条件下的醋酸铜浸渍活性炭相比，脱除 H_2S 的性能更优。由于 H_2S 的易吸水性，脱硫剂在湿空气下的表现更好。

表 11-6 脱硫剂的硫容量及操作条件

脱硫剂	气氛	空速/h	温度/℃	H_2S 浓度/ppm	硫容量/(mg/g)
醋酸铜浸渍活性炭	1% 氧气	4 718	20	1 500	4.98
ZnO	He	47 750	200	1 000	149
Fe_2O_3	N_2	4 200	20	500	22.1
活性炭纤维（ACFs）	湿空气	100	室温	200	14.4
垃圾焚烧底灰	湿空气	3 809	25	300	10.5
红土	25% CO 15% H_2 59% N_2	2 000	500	10 000	18.3
污泥吸附剂	30% 相对湿度空气	9 436	室温	1 000	456
垃圾焚烧飞灰 FA1#	干空气	755	20	300	10.4
垃圾焚烧飞灰 FA2#	干空气	755	20	300	7.94

11.4 本章小结

本章介绍了光催化氧化去除 H_2S 和垃圾焚烧飞灰吸附 H_2S 技术。

研究在不同紫外光照强度和不同催化剂质量条件下，TiO_2 对 H_2S 光催化氧化的去除效率和特征，研究结果表明，单独增强紫外线强度或增加 TiO_2 催化剂用量均不能达到最理想的光利用效率，而是要将两者综合考虑。与填充物全为 TiO_2-GB 的情况相比，TG60% 在不提高能耗的前提下，减少了催化剂的用量，而 H_2S 的光催化去除率反而提升。

垃圾焚烧飞灰具有良好的 H_2S 吸附性能。垃圾焚烧飞灰去除 H_2S 是物理吸附和化学吸附共同作用的结果，飞灰中的金属氧化物可以与硫化氢发生氧化还原反应，生成金属硫化物；而且，脱除 H_2S 的过程使得飞灰的重金属浸出浓度明显降低，说明在与 H_2S 反应的过程中，飞灰中的重金属参与反应被固定。

参 考 文 献

胡斌，丁颖，吴伟祥，等 .2010. 垃圾填埋场恶臭污染与控制研究进展 ［J］. 应用生态学报，21（3）：785-790.

蒋建国，王伟，李国鼎，等 .1999. 重金属螯合剂处理焚烧飞灰的稳定化技术研究 ［J］. 环境科学，20（3）：13-17.

李润东，聂永丰，李爱民，等 .2004. 垃圾焚烧飞灰理化特性研究 ［J］. 燃料化学学报，32（2）：175-179.

吴昊 .2015. 改善反应器内部光照条件对 TiO_2 光催化去除 H_2S 的影响 ［D］. 深圳：北京大学深圳研究生院硕士学位论文 .

吴昊，赵畅，徐期勇 .2016. 改善反应器内部光照条件对 TiO_2 光催化去除 H_2S 的影响 . 环境工程学报，10（9）：5089-5094.

朱彧，吴昊，徐期勇 .2015. 垃圾焚烧飞灰去除硫化氢气体的研究 ［J］. 环境工程学报，9（6）：2947-2954.

朱彧 .2014. 垃圾焚烧飞灰在脱除硫化氢气体方面的研究 ［D］. 深圳：北京大学深圳研究生院硕士学位论文 .

Ding Y, Cai C Y, Hu B, et al. 2012. Characterization and control of odorous gases at a landfill site: a case study in Hangzhou, China ［J］. Waste Management, 32（2）：317-326.

Fujishima A, Honda K. 1972. TiO_2 photoelectrochemistry and photocatalysis ［J］. Nature, 238（5358）：37-38.

Kim D J, Kang J Y, Kim K S. 2010. Preparation of TiO$_2$ thin films on glass beads by a rotating plasma reactor [J]. Journal of Industrial and Engineering Chemistry, 16 (6): 997-1000.

Lee S, Xu Q, Booth M, et al. 2006. Reduced sulfur compounds in gas from construction and demolition debris landfills [J]. Waste Management, 26 (5): 526-33.

Wu H, Zhu Y, Bian S W, et al. 2018. H$_2$S adsorption by municipal solid waste incineration (MSWI) fly ash with heavy metals immobilization [J]. Chemosphere, 195: 40-47.

Xu Q, Townsend T G, Bitton G. 2011. Inhibition of hydrogen sulfide generation from disposed gypsum drywall using chemical inhibitors [J]. Journal of Hazardous Materials, 191 (1-3): 204-211.